Wahrscheinlichkeiten und Schwankungen

Vorträge von

Prof. Dr. **M. Czerny**, Berlin · Obering. **K. Franz**, Siemensstadt
Prof. Dr.-Ing. **F. Lubberger**, Berlin · Prof. Dr. **J. Bartels**
Eberswalde · Prof. Dr. **R. Becker**, Göttingen

Veranstaltet durch den
Verband Deutscher Elektrotechniker, Gau Berlin-Brandenburg, in Gemeinschaft mit dem Außeninstitut der Technischen Hochschule zu Berlin

Herausgegeben von

Dr.-Ing. **F. Lubberger**
Oberingenieur der Siemens & Halske A.-G. und
a. o. Professor an der Technischen Hochschule zu Berlin

Mit 25 Textabbildungen

Berlin
Verlag von Julius Springer
1937

ISBN-13: 978-3-642-98735-9 e-ISBN-13: 978-3-642-99550-7
DOI: 10.1007/978-3-642-99550-7

Druck von Breitkopf & Härtel in Leipzig

Reprint 1988:

Vorwort.

Der Verband Deutscher Elektrotechniker, Gau Berlin, Brandenburg, und das Außeninstitut der Technischen Hochschule, Berlin, veranstalteten in der Zeit vom 13. Januar 1936 bis 24. Februar 1936 eine Vortragsreihe

„Neues über Wahrscheinlichkeiten und Schwankungen".

Diese Vorträge werden hiermit veröffentlicht. An einigen Stellen wurden seither bekannt gewordene Neuerungen zugefügt.

In diesen Vorträgen sollen Fachleute den Nichtfachleuten Überblicke über interessante Gebiete geben, die nicht an anderen Stellen zu finden sind. Die Mitteilungen sind keineswegs auf technische Fragen beschränkt, sondern greifen auch auf andere Gebiete über. Im vorliegenden Buch spricht Bartels über meteorologische und geophysikalische Aufgaben, Becker über „Schwankungen" in physikalischen Vorgängen.

Die Wahrscheinlichkeiten sind den Technikern noch vielfach wesensfremd. Sie werden sich nach und nach daran gewöhnen müssen.

Berlin, im April 1937.

Der Herausgeber
F. Lubberger.

Inhaltsverzeichnis.

Grundbegriffe und Gesetze der Wahrscheinlichkeiten und Schwankungen.

Von **M. Czerny**, Berlin.

In der Physik und der Technik zeigen viele Erscheinungen Schwankungen, deren Ausmaß sich nach unbekannten Gesetzen richtet, die sich jedoch nach „statistischen Methoden“ behandeln lassen. Die statistische Methode beruht auf der Wahrscheinlichkeitsrechnung, deren volle Bedeutung von vielen, die sie brauchen könnten, noch nicht richtig erkannt wird. Vielfach hört man die Ansicht, daß die Aussagen der Wahrscheinlichkeitsrechnung zu unbestimmt und unzureichend seien. Die einfache schulgemäße Wahrscheinlichkeitsrechnung gibt allerdings oftmals wenig Auskunft [1]. Man muß schon etwas tiefer eindringen, wozu dieser erste Abschnitt verhelfen soll. Die Behandlung der Grundaufgaben wird etwas abstrakt sein, während die späteren Abschnitte dieses Buches Aufgaben aus Wissenschaft und Technik im einzelnen aufgreifen.

Aus dem Schrifttum seien zwei Werke aus den hier behandelten Gebieten genannt:

Karl Daeves (Leiter der Forschungsabteilung der Vereinigten Stahlwerke A.-G., Düsseldorf) „Praktische Großzahlforschung“[2]. Es enthält eine Literaturzusammenstellung, die 12 Seiten umfaßt und daher einen recht vollständigen Überblick gewährt. Ferner möchte ich anführen, daß von R. Becker, dem letzten Vortragenden der Reihe, gemeinsam mit H. Plaut und I. Runge eine kleine Schrift über Anwendungen der mathematischen Statistik auf Probleme der Massenfabrikation[3] erschienen ist, die ebenfalls am Ende eine kleine Literaturzusammenstellung enthält. Das Buch von Daeves gehört dem wenigmathematischen Flügel, das Buch von Becker dem stark-mathematischen Flügel der Literatur an.

Die folgenden theoretischen Ausführungen möchte ich durch einige Versuche an dem bekannten Galtonschen Brett begleiten, da es eine

[1] Vgl. das kürzlich erschienene Buch von E. Wagemann: Narrenspiegel der Statistik. Hamburg: Hanseatische Verlagsanstalt.

[2] Berlin: VDI-Verlag G.m.b.H. 1933. 192 Seiten.

[3] Berlin: Julius Springer 1930. 117 Seiten.

besonders einfache und übersichtliche Methode darstellt, um zu Zufallsverteilungen zu gelangen. Das Galtonsche Brett besteht in seiner einfachsten Form aus einem vertikal gestellten Brett, in das Drahtstifte mit gleichmäßigem Abstand in horizontalen Reihen eingeschlagen sind. Die einzelnen Reihen sind so gegeneinander versetzt, daß immer die Stifte der einen Reihe gerade unter der Mitte der Lücken der höheren Reihe stehen. Man nimmt nun Kugeln, deren Durchmesser nur wenig kleiner ist als der Abstand je zweier Stifte und läßt die Kugeln durch die Stiftreihen herunterrollen. Im Idealfall soll jede Kugel, die durch eine Lücke hindurchgefallen ist, durch den Stift der folgenden Reihe mit gleicher Wahrscheinlichkeit nach links oder rechts abgelenkt werden. Passiert die Kugel in dieser Weise eine größere Zahl, etwa k Stiftreihen, so wird sie $k$mal einer Zufallswirkung ausgesetzt. Bei der letzten Stiftreihe ist unter jeder Lücke ein Behälter angebracht, der die hineintreffenden Kugeln sammelt. Läßt man durch eine bestimmte Lücke der obersten Reihe eine größere Anzahl Kugeln nacheinander fallen, so erhält man in der Verteilung der Kugeln in den unten angebrachten Behältern ein übersichtliches Bild von dem Effekt des Zusammenwirkens von k Zufallsereignissen. In der Abb. 1 sind statt der Stifte Kugellagerkugeln von 2 mm Durchmesser verwendet worden[1], die zwischen zwei Spiegelglasplatten gekittet wurden, und als Behälter dienen Räume, die durch 2 mm dicke Messingstangen begrenzt werden. Als Fallkugeln dienten Schrotkugeln von etwa 1,8 mm Durchmesser.

Abb. 1. Galtonsches Brett in einer zur Projektion geeigneten Gestalt.

[1] Es sind je 3 Kugeln übereinander angeordnet, damit die fallende Kugel den einseitigen Drehimpuls, den sie bei jeder Ablenkung erhält, durch zufällig verteilte, nicht ablenkende Kollisionen verliert, ehe sie wieder auf den nächsten Ablenkungspunkt trifft.

Mittelwert und mittlere Abweichung. Wenn ein Zahlenmaterial vorliegt, das seiner Herkunft nach geeignet für die Anwendung statistischer Methoden ist und das näher untersucht werden soll, so sind im allgemeinen die zwei ersten Schritte, daß man den Mittelwert berechnet und ferner eine Größe bestimmt, aus der man ersehen kann, wie groß die Abweichungen der Einzelwerte vom Mittelwert im allgemeinen sind.

Die Definition des Mittelwertes der N-Größen $u_1, u_2, \ldots, u_N$ lautet

$$\overline{u} = \frac{u_1 + u_2 + \cdots + u_N}{N} = \frac{1}{N} \sum_{1}^{N}{}_k\, u_k \,, \tag{1}$$

oder wenn das Zahlenmaterial schon etwas geordnet vorliegt in der Art, daß n_1 mal die Größe u_1 auftritt, n_2 mal u_2 usw., so ist

$$\overline{u} = \frac{n_1 u_1 + n_2 u_2 + \cdots + n_M u_M}{N} = \frac{1}{N} \sum_{1}^{M}{}_k\, n_k u_k \quad \text{und} \quad \sum_{1}^{M}{}_k\, n_k = N. \tag{2}$$

Wichtig ist noch die folgende Umformung: Wenn man $\frac{n_k}{N} = p_k$ setzt, so wird

$$\overline{u} = p_1 u_1 + p_2 u_2 + \cdots + p_M u_M = \sum_{1}^{M}{}_k\, p_k u_k \quad \text{und} \quad \sum_{1}^{M}{}_k\, p_k = 1. \tag{3}$$

Die Gleichung 3 bedeutet, daß die eingeführten Größen p_k die Wahrscheinlichkeiten für das Auftreten der Werte u_k angeben, wenn N eine hinreichend große Zahl ist. Wenn also umgekehrt — wie es bei theoretischer Betrachtung oft vorkommt — von den Größen u_k die Wahrscheinlichkeiten p_k ihres Auftretens bekannt sind, so kann man nach obiger Gleichung den zu erwartenden Mittelwert $\overline{u}$ berechnen. Diese Summen-Gleichung für $\overline{u}$ tritt schließlich auch häufig in einer Integralform auf. Wenn die Wahrscheinlichkeit, einen Wert u anzutreffen, der zwischen u und $u + du$ liegt, gegeben ist in der Form $p(u) \cdot du$, so wird

$$\overline{u} = \int_{u=-\infty}^{u=+\infty} u \cdot p(u)\, du \quad \text{und} \quad \int_{u=-\infty}^{u=+\infty} p(u)\, du = 1\,. \tag{4}$$

Man erkennt die prinzipielle Übereinstimmung dieser Integralform (4) mit obiger Summenform (3).

Um irgendwie anzugeben, wie groß die Abweichungen der Einzelwerte u_k vom Mittelwert $\overline{u}$ sind, verwendet man statt einer Definition leider drei verschieden definierte Größen, die man als mittlere, durchschnittliche und wahrscheinliche Abweichung bezeichnet. Statt von „Abweichung" spricht man auch von „Streuung" und „Streuungsmaß" oder in der Theorie der Beobachtungsfehler vom mittleren, durchschnittlichen und wahrscheinlichen „Fehler" der Einzelmessung.

Die mittlere Abweichung m der Einzelwerte ist definiert

durch die Gleichung

$$(5)\quad m^2 = \frac{(u_1-\bar{u})^2 + (u_2-\bar{u})^2 + \cdots + (u_N-\bar{u})^2}{N} = \frac{1}{N}\sum_1^N{}_k (u_k-\bar{u})^2 = \overline{(u_k-\bar{u})^2}$$

Eigentlich muß hier im Nenner $N-1$ statt N stehen, doch prägt sich der Ausdruck mit N, wo er eine wirkliche Mittelwertsbildung darstellt, leichter dem Gedächtnis ein, und der Unterschied macht sich praktisch nicht bemerkbar, weil die Gleichung nur für N-Werte wirklich bedeutungsvoll ist, die sehr groß gegen 1 sind.

Es ist nicht zu leugnen, daß die Berechnung von m eine gewisse Umständlichkeit bedeutet. Es lohnt sich daher, einen Kunstgriff anzuwenden, der die Rechnung erleichtert: Statt wie gefordert den Mittelwert der Zahlen $(u_k-\bar{u})^2$ zu bilden, bildet man den Mittelwert der Zahlen $(u_k-U)^2$, wo U eine beliebige Zahl ist, die man nicht sehr abweichend von $\bar{u}$ wählt, aber so, daß die Größen (u_k-U) Zahlen mit möglichst wenig Dezimalen werden, die sich leicht quadrieren lassen. Dann gilt die leicht nachprüfbare Beziehung

$$(6)\quad m^2 = \overline{(u_k-U)^2} - (U-\bar{u})^2 .$$

Um an einem Zahlenbeispiel diese Berechnungen zu veranschaulichen, lassen wir in dem Galtonschen Brett 10 Kugeln nacheinander fallen und ordnen den 11 Auffangzellen des Brettes die Zahlen 1 bis 11 zu. Das Ergebnis schreiben wir in einer mit u_k überschriebenen Vertikalreihe (Tabelle 1) untereinander.

Tab. 1. Berechnung der mittleren Abweichung mit Hilfe von Gl. (5) u. (6).

u_k	$u_k-\bar{u}$	$(u_k-\bar{u})^2$	$(u_k-6{,}0)^2$
6	+0,1	0,01	0
7	+1,1	1,21	1
3	−2,9	8,41	9
4	−1,9	3,61	4
6	+0,1	0,01	0
8	+2,1	4,41	4
6	+0,1	0,01	0
8	+2,1	4,41	4
7	+1,1	1,21	1
4	−1,9	3,61	4
$\bar{u}=5{,}9$		$m^2=2{,}690$	$m^2=2{,}7-0{,}01$ $m^2=2{,}690$

Die Zahlen u_k besagen also, daß die 1. Kugel in die mittelste Zelle 6 fiel, die 2. in die Zelle 7 usw. In der 2. und 3. Kolumne ist m direkt berechnet [nach Gl. (5)], in der 4. Kolumne mit Hilfe der Gl. (6), wobei $U = 6{,}0$ gewählt wurde. Die Vereinfachung der Rechnung ist deutlich.

Die durchschnittliche Abweichung d der Einzelwerte ist folgendermaßen definiert:

$$(7)\quad d = \frac{|u_1-\bar{u}| + |u_2-\bar{u}| + \cdots + |u_N-\bar{u}|}{N} = \frac{1}{N}\sum_1^N{}_k |u_k-\bar{u}| = \overline{|u_k-\bar{u}|} .$$

Diese Definition bietet geringere Rechenschwierigkeiten. [Im Nenner muß hier eigentlich $\sqrt{N \cdot (N-1)}$ stehen.] In dem Beispiel der Tab. 1 ergibt sich $d = 1{,}34$.

Als wahrscheinliche Abweichung w der Einzelwerte definiert man eine Zahl, die so zu wählen ist, daß die Hälfte aller Werte $|u_k - \bar{u}|$ größer als w und die andere Hälfte der $|u_k - \bar{u}|$ kleiner als w ist. Zur Bestimmung von w ist also überhaupt keine eigentliche Rechnung erforderlich, sondern man ordnet nur die Größen $|u_k - \bar{u}|$ der absoluten Größe nach und sieht zu, welche von ihnen in der Mitte der Reihe liegt. Liegt eine ungerade Zahl von Werten u_k vor, so gibt es einen solchen Wert, liegt eine gerade Anzahl vor, so gibt es nur ein Intervall, innerhalb dessen w zu wählen ist. Im Beispiel der Tab. 1 liegt also w zwischen 1,1 und 1,9. Diese ins Auge fallende geringe Bestimmtheit von w ist kein eigentlicher Nachteil. Man sieht eben hier deutlich, daß w erst einigermaßen genau bestimmt ist, wenn die Anzahl der u_k-Werte groß ist, so daß die Einzelwerte dicht beieinander liegen. Die mehr mathematisch formulierten Definitionen von m und d verleiten umgekehrt dazu, den gewonnenen Zahlen eine größere Genauigkeit zuzutrauen, als ihnen zukommt. (Das obige Zahlenbeispiel mit nur 10 Versuchen ist also eigentlich ein Beispiel dafür, wie man es nicht machen soll.)

Um sich ein richtiges Urteil über die Genauigkeit und Reproduzierbarkeit der Werte m, d oder w zu bilden, gibt es zwei Wege, einen experimentellen und einen theoretischen. Der experimentelle besteht darin, daß der Versuch mit den 10 Kugeln einschließlich der Berechnung von m mehrmals wiederholt wird. Bei 20 Versuchsserien mit je 10 Kugeln wurden die in Tab. 2 angeführten Zahlen erhalten, aus denen man eine direkte Anschauung über das Maß der auftretenden Streuung erhält. Während die aus den Einzelserien berechneten Mittelwerte $\bar{u}$ nur um wenige Prozent schwanken, schwanken die aus den Einzelserien berechneten m-Werte zwischen 1,0 und 2,2. Das zeigt, wie bedeutungslos es bei diesen Schwankungen ist, ob man bei der Bildung von m durch $\sqrt{N}$ oder $\sqrt{N-1}$ dividiert.

Tab. 2. Mittelwerte und mittlere Abweichungen, berechnet aus Fallversuchen mit je 10 Kugeln.

$\bar{u}$	m	$\bar{u}$	m
5,3	1,0	6,1	1,4
5,6	1,1	6,1	1,7
5,8	1,4	5,5	1,5
5,4	1,2	5,5	1,0
6,3	1,2	6,2	1,3
5,3	1,7	5,6	2,2
5,9	1,6	5,7	1,4
5,6	1,6	5,1	1,8
5,8	1,4	6,1	1,2
5,9	1,7	6,6	2,0

Ich glaube, daß es ein ausgesprochener Nachteil für die Verbreitung statistischer Methoden ist, daß man dem Lernenden den Stoff meist nur theoretisch vorsetzt und ihn nicht an derartigen Zufallsapparaten, wie dem Galtonschen Brett, experimentieren läßt. Bei allen physikalischen Messungen kann man ja dem Lernenden ebenfalls alles theoretisch auseinandersetzen, und trotzdem hält es hier niemand für Zeitverschwendung, wenn der Lernende die Apparate in die Hand bekommt und sich durch den direkten Umgang mit ihnen eine Vertrautheit und einen Einblick verschafft, wie er sie durch die sorgfältigste theoretische Einführung eben nicht erhalten kann.

Der theoretische Weg ist in vorliegendem Falle schwieriger. Eine ganz allgemeine Aussage über das Schwanken der m-Werte bei der Wiederholung der Versuchsserien ist nicht zu machen. Wenn die u_k-Werte einer speziellen Verteilungsform gehorchen, die man als Gaußsche Verteilung bezeichnet und die beim Galtonschen Brett vorliegt, so kann man ableiten, daß die mittlere Abweichung der m-Werte von ihrem Mittelwert bei der Wiederholung von Versuchsserien zu n-Gliedern gleich $m\sqrt{\frac{1}{2n}}$ ist. Das steht mit dem obigen Zahlenbeispiel in Übereinstimmung.

Was die Beziehungen der drei Größen m, d und w untereinander betrifft, so besteht zwischen ihnen kein ohne weiteres angebbarer Zusammenhang. Es sind eben drei selbständig definierte Größen. Erst wenn das Verteilungsgesetz der u_k-Werte bekannt ist, läßt sich die gegenseitige Beziehung der drei Größen angeben. In dem praktisch besonders wichtigen Falle, daß die u_k dem Gaußschen Verteilungsgesetz gehorchen — was dies im strengen Sinne bedeutet, wird später erläutert —, gelten für den Grenzfall, daß ein sehr großes Zahlenmaterial bearbeitet wird, also N hinreichend groß ist, die folgenden Beziehungen:

$$\left\{\begin{aligned} d &= \sqrt{\frac{2}{\pi}} \cdot m = 0{,}798\, m \sim 4/5\, m\,, \\ w &= 0{,}674\, m \sim 2/3\, m\,. \end{aligned}\right. \tag{8}$$

Man kann also aus einer jeden Größe die beiden anderen berechnen und kann sich daher die jeweils am bequemsten zu berechnende wählen. Um ein Zahlenbeispiel für den durch Gl. (8) bestimmten Zusammenhang zwischen d und m zu bekommen, wurden am Galtonschen Brett fünf Versuche mit je 100 Kugeln durchgeführt. Die Resultate sind in Tab. 3 zusammengestellt und zeigen das erwartete Ergebnis.

Tab. 3. Verhältnis der durchschnittlichen zur mittleren Abweichung berechnet aus Fallversuchen mit je 100 Kugeln.

m	d	d/m
1,5	1,2	0,80
1,7	1,4	0,82
1,4	1,1	0,79
1,5	1,2	0,80
1,4	1,1	0,79

Theorie des Galtonschen Brettes, Gaußsche Verteilung.

Im vorhergehenden ist schon verschiedentlich der Ausdruck „Gaußsche Verteilung“ gebraucht worden und auch darauf hingewiesen worden, daß das Galtonsche Brett diese in der Praxis besonders wichtige Verteilung zu realisieren gestattet. Es soll deshalb im folgenden die Theorie des Galtonschen Brettes abgeleitet werden, zumal diese Betrachtungen einiges bieten, das für die mathematische Behandlung statistischer Probleme charakteristisch ist.

In Abb. 2 sind die möglichen Bahnen einer Kugel auf dem Galtonschen Brett schematisch durch gerade Pfeile dargestellt. Jeder Verzweigungspunkt soll eindeutig bezeichnet sein durch die Angabe, in welcher Schicht k er liegt und welchen Abstand x er von der vertikalen Symmetrielinie hat. Dabei soll der horizontale Abstand zweier Punkte als Längeneinheit dienen. x bleibt also immer in den Grenzen

$$-k/2 \leqq x \leqq +k/2 .$$

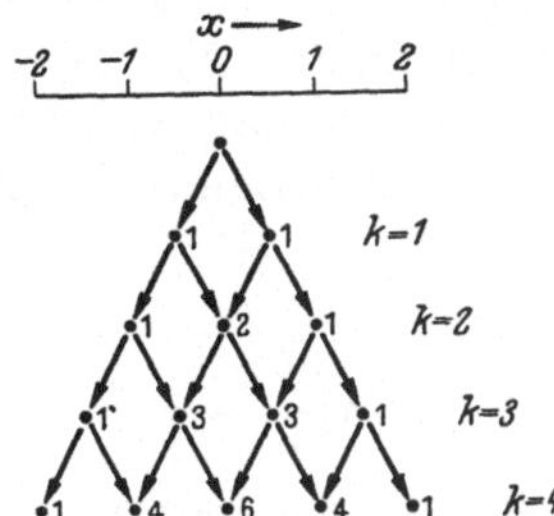

Abb. 2. Schematische Darstellung, auf wieviel Wegen die verschiedenen Punkte eines Galtonschen Brettes erreicht werden können.

Wir stellen uns nun die Aufgabe, die Wahrscheinlichkeit dafür zu berechnen, daß eine Kugel gerade zum Punkte x der k Schicht gelangt. Diese Wahrscheinlichkeit soll mit $W_k(x)$ bezeichnet werden. Dazu muß man erstens wissen, wieviel verschiedene, aber gleich wahrscheinliche Wege zu dem Punkte x der k Schicht führen und zweitens, wieviel Wege überhaupt in die k Schicht führen. Das Verhältnis dieser beiden Zahlen gibt die gesuchte Wahrscheinlichkeit. In Abb. 2 stehen neben den einzelnen Punkten Zahlen, die angeben, wieviel Wege zu dem betreffenden Punkte hinführen. Man sieht aus der Betrachtung der Zahlen, daß sie das bekannte Pyramidenschema der Binomial-Koeffizienten bilden. Zu einem Punkte x der k Schicht führen also $\binom{k}{\frac{k}{2}-x}$ Wege, oder, wenn man den symbolischen Ausdruck ausführlich hinschreibt

$$\frac{k!}{\left(\frac{k}{2}-x\right)!\left[k-\left(\frac{k}{2}-x\right)\right]!} = \frac{k!}{\left(\frac{k}{2}-x\right)!\left(\frac{k}{2}+x\right)!} .$$

Die Gesamtzahl der Wege, die überhaupt in die k Schicht führen, ist 2^k, wie man leicht an der Abbildung nachprüft. Also ist

$$W_k(x) = \frac{k!}{\left(\frac{k}{2}-x\right)!\left(\frac{k}{2}+x\right)!} \cdot \left(\frac{1}{2}\right)^k . \tag{9}$$

Damit ist die strenge Lösung der Aufgabe gefunden und alle gewünschten Wahrscheinlichkeiten sind berechenbar. Aber, wenn k sehr groß ist, macht die Berechnung Schwierigkeiten, auch gibt der Ausdruck keinen einfachen Überblick über die Abhängigkeit des $W(x)$ von x. Man nimmt daher für große Werte von k einige mathematische Umformungen an der Gl. (9) vor. Zur Beseitigung der unbequemen Fakultäten bedient man sich der Stirlingschen Gleichung

$$(10)\qquad n! = \sqrt{2\pi}\, n^{n+\frac{1}{2}}\, e^{-n}\left[1 + \frac{1}{12\,n} + \frac{1}{288\,n^2} + \cdots\right].$$

Diese Gleichung, die bei der Mehrzahl aller statistischen Untersuchungen benutzt wird, stellt eine Reihenentwicklung dar, doch wird die Klammer immer einfach als 1 angesetzt. Man sieht, daß dann der Fehler schon für $n = 10$ unterhalb von 1% liegt.

Formt man die Gl. (9) entsprechend Gl. (10) um, so erhält man

$$W(x) = \frac{\sqrt{2\pi}\, k^{k+\frac{1}{2}}\, e^{-k}}{\sqrt{2\pi}\left(\frac{k}{2} - x\right)^{\frac{k}{2} - x + \frac{1}{2}} e^{-\left(\frac{k}{2} - x\right)} \sqrt{2\pi}\left(\frac{k}{2} + x\right)^{\frac{k}{2} + x + \frac{1}{2}} e^{-\left(\frac{k}{2} + x\right)}} \left(\frac{1}{2}\right)^k.$$

Kürzt man hier alles soweit wie möglich weg, so erhält man

$$W(x) = \sqrt{\frac{2}{\pi k}}\, \frac{1}{\left(1 - \frac{2x}{k}\right)^{\frac{k}{2} - x + \frac{1}{2}} \cdot \left(1 + \frac{2x}{k}\right)^{\frac{k}{2} + x + \frac{1}{2}}}.$$

Dieser Ausdruck läßt sich weiter vereinfachen. Man geht zunächst zur Exponentialfunktion über und schreibt

$$W(x) = \sqrt{\frac{2}{\pi k}}\, e^{-\left(\frac{k}{2} - x + \frac{1}{2}\right)\ln\left(1 - \frac{2x}{k}\right) - \left(\frac{k}{2} + x + \frac{1}{2}\right)\ln\left(1 + \frac{2x}{k}\right)}.$$

Da nach Voraussetzung $2x/k \leqq 1$ ist, setzt man die bekannte Reihenentwicklung[1] an:

$$(11)\qquad \left\{\begin{aligned} \ln\left(1 - \frac{2x}{k}\right) &= -\frac{2x}{k} - \frac{2x^2}{k^2} - \cdots \\ \ln\left(1 + \frac{2x}{k}\right) &= +\frac{2x}{k} - \frac{2x^2}{k^2} + \cdots \end{aligned}\right.$$

Dies eingesetzt und ausgerechnet ergibt

$$W(x) = \sqrt{\frac{2}{\pi k}}\, e^{-\frac{2x^2}{k} + \frac{2x^2}{k^2}}.$$

Vernachlässigt man auch noch das zweite Glied im Exponenten gegen das erste, weil es nur den k-Teil des ersten beträgt, so erhält man die gewünschte einfache Form

$$(12)\qquad W(x) = \sqrt{\frac{2}{\pi k}}\, e^{-\frac{2x^2}{k}}.$$

Im Gegensatz zur strenggültigen Gl. (9) gilt also (12) nur, wenn k hinreichend groß ist. In Tab. 4 sind für den Fall $k = 10$ die nach der strengen

[1] Für die Reihenentwicklung muß man $2x/k < 1$ annehmen, da für den Fall $2x/k = 1$ die eine Reihe nicht mehr konvergiert.

und der angenäherten Gleichung berechneten Werte gegenübergestellt. In Abb. 3 sind die Werte der Tabelle in ein Koordinatennetz eingetragen, und durch einen Kurvenzug miteinander verbunden. Außerdem sind als Kreise Meßergebnisse eines Versuches am Galtonschen Brett eingetragen. Sie geben an, welcher Bruchteil von 500 Kugeln in die einzelnen Auffangzellen fiel.

Tab. 4. Verteilung im Galtonschen Brett, berechnet nach der strengen und der angenäherten Gleichung für $k = 10$.

x	$W(x) = \frac{k!}{\left(\frac{k}{2}-x\right)!\left(\frac{k}{2}+x\right)!}\left(\frac{1}{2}\right)^k$	$W(x) = \sqrt{\frac{2}{\pi k}}\, e^{-\frac{2x^2}{k}}$
0	0,2461	0,2523
1	0,2051	0,2066
2	0,1172	0,1134
3	0,0440	0,0417
4	0,0098	0,0103
5	0,0010	0,0017

Die durch die Gl. (12) bestimmte Verteilung nennt man eine Gaußsche Verteilung. Man schreibt die Gl. (12) oft in etwas verallgemeinerter Form

$$(13)\quad W(u) = \frac{1}{\sqrt{2\pi}\, m}\, e^{-\frac{(u-\bar{u})^2}{2m^2}}.$$

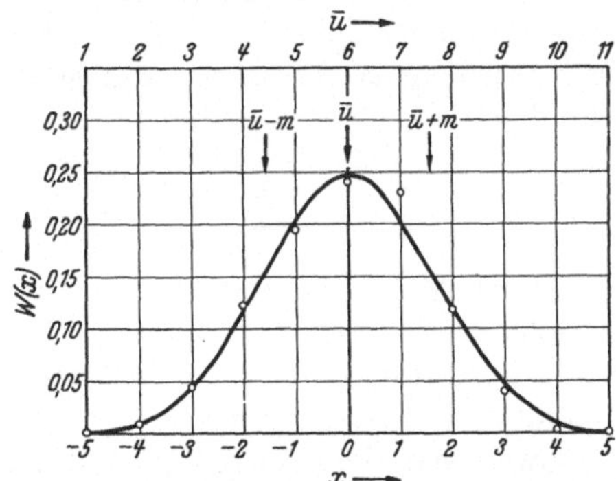

Abb. 3. Die ausgezogene Kurve gibt die graphische Darstellung einer Gaußschen Verteilung, die Punkte stellen Beobachtungswerte bei einem Versuch mit dem Galtonschen Brett dar.

Der Übergang wird dadurch erzielt, daß man erstens die Variable x durch den Ausdruck $u-\bar{u}$ ersetzt, wobei u die neue unabhängige Variable und $\bar{u}$ eine Konstante sein soll. Das bedeutet nur eine Verschiebung des Nullpunktes in der horizontalen Richtung (vgl. etwa Abb. 3). An der Stelle $u = \bar{u}$ hat die Gl. (13) ihr Maximum, und da der Verlauf nach beiden Seiten symmetrisch ist, so hat die Konstante $\bar{u}$ daher die Bedeutung des Mittelwertes aller u-Werte. Zweitens ist an Stelle von k eine neue Konstante m durch die Beziehung

$$14)\qquad k = 4\, m^2$$

eingeführt. Das erweist sich als zweckmäßig, weil, wie im folgenden gezeigt wird, diese neue Konstante m genau wie früher die Bedeutung der mittleren Abweichung der Einzelwerte dieser Verteilung hat. Man vergleiche etwa das Zahlenbeispiel der Tab. 3, wo bei dem Galtonschen Brett mit $k = 10$ nach Gl. (14) $m = \sqrt{2{,}5} = 1{,}58$ sein sollte.

Eine Gaußsche Verteilung ist also durch zwei Konstanten gekennzeichnet, von denen die eine den Mittelwert der Verteilung, die andere die mittlere Abweichung der Verteilung gibt. In graphischer Darstellung bestimmt die eine Konstante die Lage des Maximums, die andere Konstante die Breite der Glockenkurve. Die beiden Wendepunkte der Glockenkurve liegen nämlich an den Stellen $u = \bar{u} \pm m$, wie man aus der Gl. (13) leicht ableiten und aus Abb. 3 ersehen kann.

Wenn nach der Wahrscheinlichkeit gefragt wird, daß eine Kugel nicht in eine bestimmte Zelle u gelangt, sondern in einen Bereich von Zellen, etwa von u_1 bis u_2, so ist die Wahrscheinlichkeit hierfür nach der bekannten Summenregel der elementaren Wahrscheinlichkeitsrechnung

$$\sum_{u_1}^{u_2}{}_u\, W(u)\,. \tag{15}$$

Diesen Ausdruck kann man in eine noch einfachere Form bringen, wenn ein Galtonsches Brett mit sehr vielen Reihen vorliegt, also k eine große Zahl ist und m nach der Beziehung $k = 4\,\mathrm{m}^2$ ebenfalls groß ist. Dann unterscheiden sich nämlich benachbarte $W(u)$-Werte nur noch wenig voneinander, wie man aus Gl. (13) ersehen kann. Wenn nun außerdem das oben betrachtete Intervall u_1 bis u_2 sehr klein ist gegenüber dem gesamten Variationsbereich von u, so kann man die gesuchte Wahrscheinlichkeit schreiben

$$\sum_{u_1}^{u_2}{}_u\, W(u) \sim W(u) \cdot (u_2 - u_1) = W(u) \cdot \Delta u. \tag{16}$$

$W(u)$ bedeutet hierbei irgend einen mittleren Wert des betrachteten Intervalles. Die Form $W(u) \cdot \Delta u$ ist also um so zutreffender, je kleiner das betrachtete Intervall Δu ist im Vergleich zu dem groß angenommenen Gesamtbereich der u-Werte.

Soweit man die Gleichungen auf das Galtonsche Brett bezieht, ist es selbstverständlich, daß die unabhängige Variable x oder u nur ganzzahlige Werte annehmen kann. Das kommt in Gl. (9) in dem Auftreten der Fakultäten zum Ausdruck. Die Exponentialfunktion in Gl. (12) und (13) macht dagegen keine Schwierigkeiten bei einer Verallgemeinerung auf stetig veränderliche x- oder u-Werte. Auch die praktischen Anwendungen fordern diese Verallgemeinerung. Die zuvor angestellten Betrachtungen, die zur Gl. (16) führen, zeigen den Weg zu dieser Verallgemeinerung, mit der man dann allerdings das Bild des Galtonschen Brettes verläßt. Wenn u nicht nur ganzzahlige Werte, sondern beliebige Zwischenwerte annehmen kann, so müssen wir die Wahrscheinlichkeit, daß sich ein u-Wert innerhalb des Intervalles u bis $u + du$ ergibt, in der Form

$W(u) \cdot du$ ansetzen (in Analogie zu Gl. 16). Die Wahrscheinlichkeit dafür, daß der u-Wert in das beliebig große Intervall u_1 bis u_2 fällt, wird dann durch das Integral

$$W(u_1, u_2) = \int_{u=u_1}^{u=u_2} W(u)\, du$$

gegeben. Man spricht wieder von einer Gaußschen Verteilung, wenn für $W(u)$ die Gl. (13) gilt. Bei einer Gaußschen Verteilung ist also

$$\text{(17)} \qquad W(u_1, u_2) = \frac{1}{\sqrt{2\pi}\, m} \int_{u=u_1}^{u=u_2} e^{-\frac{(u-\overline{u})^2}{2m^2}}\, du\,.$$

Leider läßt sich dieses Integral, das als Gaußsches Fehlerintegral bezeichnet wird, nicht in geschlossener Form integrieren. Man hat es daher durch Näherungsmethoden berechnet und die Werte in Tabellen zusammengestellt. Nur zwischen den Grenzen $-\infty$ und $+\infty$ läßt sich sein Wert streng berechnen.

Es ergibt sich

$$\text{(18)} \qquad \int_{-\infty}^{+\infty} e^{-\frac{(u-\overline{u})^2}{2m^2}}\, du = \sqrt{2\pi}\, m\cdot$$

Infolgedessen ist

$$\text{(19)} \qquad W(-\infty, +\infty) = 1.$$

Diese Beziehung muß notwendigerweise erfüllt sein, denn sie besagt ja nur, daß die Wahrscheinlichkeit, irgendeinen Wert zwischen $-\infty$ und $+\infty$ anzutreffen, 1, also die Gewißheit ist.

Der Mittelwert der Gaußschen Verteilung ist wieder $\overline{u}$. Das folgt jetzt auch rechnerisch nach Gl. (4); denn danach ist

$$\text{(20)} \qquad \left\{ \begin{aligned} \overline{u} &= \int_{-\infty}^{+\infty} u \cdot W(u)\, du = \frac{1}{\sqrt{2\pi}\, m} \int_{-\infty}^{+\infty} u \cdot e^{-\frac{(u-\overline{u})^2}{2m^2}}\, du \\ &= \frac{1}{\sqrt{2\pi}\, m} \int_{-\infty}^{+\infty} (u-\overline{u})\, e^{-\frac{(u-\overline{u})^2}{2m^2}}\, du + \frac{\overline{u}}{\sqrt{2\pi}\, m} \int_{-\infty}^{+\infty} e^{-\frac{(u-\overline{u})^2}{2m^2}}\, du\,. \end{aligned} \right.$$

Das erste Integral ist null, wegen der bezüglich $u = \overline{u}$ antisymmetrischen Gestalt des Integranden, d. h., der Integrand $(u-\overline{u})\, e^{-\frac{(u-\overline{u})^2}{2m^2}}$ nimmt für $u > \overline{u}$ die gleichen Werte an wie für $u < \overline{u}$, aber mit entgegengesetztem Vorzeichen, so daß die durch das Integral bezeichnete Fläche insgesamt null wird. Der zweite Summand hat nach Gl. (18) den Wert $\overline{u}$, womit die Behauptung bewiesen ist.

Ferner ist die mittlere Abweichung gleich m, denn nach Gl. (5) und (4) ist anzusetzen

$$(21)\quad \overline{(u-\overline{u})^2} = \int_{-\infty}^{+\infty} (u-\overline{u})^2 \cdot W(u)\,du = \frac{1}{\sqrt{2\pi}\,m} \int_{-\infty}^{+\infty} (u-\overline{u})^2 e^{\frac{-(u-\overline{u})^2}{2m^2}}\,du.$$

Die einfachste Berechnung des letzten Integrals ergibt sich, wenn man von der Gl. (18) ausgeht und sie partiell nach m differenziert. Dann ergibt sich

$$\int_{-\infty}^{+\infty} \frac{2(u-\overline{u})^2}{2m^3}\, e^{\frac{-(u-\overline{u})^2}{2m^2}}\,du = \sqrt{2\pi}.$$

Daraus folgt also

$$\overline{(u-\overline{u})^2} = m^2.$$

Mit einem entsprechenden Ansatz leitet man ab, daß für die durchschnittliche Abweichung d die früher angegebene Beziehung zu m besteht:

$$(22)\qquad d = \overline{|u-\overline{u}|} = \int_{-\infty}^{+\infty} |u-\overline{u}| \cdot W(u)\,du = \sqrt{\frac{2}{\pi}}\, m = 0{,}798\, m\,.$$

Wie schon gesagt, findet man die Werte des Fehlerintegrals in Tabellen angegeben. Hier seien nur einige Zahlen angeführt. Die Wahrscheinlichkeit, daß sich ein Wert u ergibt, der zwischen den Grenzen $\overline{u}+m$ und $\overline{u}-m$ liegt, also zwischen den Grenzen, die durch den numerischen Wert der mittleren Abweichung bestimmt sind, ist

$$\frac{1}{\sqrt{2\pi}\,m} \int_{\overline{u}-m}^{\overline{u}+m} e^{-\frac{(u-\overline{u})^2}{2m^2}}\,du = 0{,}68\,.$$

Etwa zwei Drittel aller Werte liegen also bei der Gaußschen Verteilung innerhalb dieses Intervalls. Für das Intervall, das durch die durchschnittliche Abweichung begrenzt wird, findet man

$$\frac{1}{\sqrt{2\pi}\,m} \int_{\overline{u}-d}^{\overline{u}+d} e^{-\frac{(u-\overline{u})^2}{2m^2}}\,du = 0{,}58\,.$$

Ferner entnimmt man den Tabellen, daß zwischen der wahrscheinlichen Abweichung w und der mittleren Abweichung m die bereits angegebene Beziehung $w = 0{,}674 \cdot m$ besteht. Man muß nämlich die Integration von $\overline{u} - 0{,}674 \cdot m$ bis $\overline{u} + 0{,}674\, m$ erstrecken, damit die Wahrscheinlichkeit 0,5 herauskommt. Ferner sei noch angeführt, daß

$$\int_{\bar{u}-2m}^{\bar{u}+2m} W(u) \cdot du = 0{,}9544.$$

$$\int_{\bar{u}-3m}^{\bar{u}+3m} W(u) \cdot du = 0{,}9973.$$

Eine Abweichung vom Mittelwert anzutreffen, die größer als $3m$ ist, hat also nur die Wahrscheinlichkeit 0,27%.

Diese Zahlen zeigen, wie man praktisch wertvolle Angaben erhält, wenn man weiß, daß eine Verteilung dem Gaußschen Fehlergesetz gehorcht.

Der im obigen eingeschlagene Weg, zur Gaußschen Verteilung von der Theorie des Galtonschen Brettes aus zu gelangen, ist ein Weg, aber nicht der allgemeinste. Er empfiehlt sich durch seine relative Einfachheit, läßt aber deshalb nicht in vollem Maße deutlich werden, wie die große Allgemeinbedeutung der Gaußschen Verteilung zustande kommt. Erst Anwendungsbeispiele aus der Praxis zeigen dies und geben die Berechtigung, sich mit diesen Begriffen ausführlich zu beschäftigen.

Über die mittlere Abweichung von Serienmitteln.

Es liege ein umfangreiches, statistisch einheitliches Material vor, bei dem die mittlere Abweichung der Einzelwerte vom Mittelwert m sei. Wenn man aus diesem Material sich eine Anzahl von Serien zu je n-Gliedern bildet und die Mittelwerte jeder einzelnen Serie berechnet, so werden diese Serienmittel wieder um den Mittelwert der gesamten Menge schwanken, aber — wie man sofort übersieht — weniger stark als die Einzelwerte, weil bei den Mittelwertsbildungen ein statistischer Ausgleich von extremen Werten erfolgt. Zur zahlenmäßigen Kennzeichnung dieser Schwankungen der Serienmittel kann man wieder den Begriff einer mittleren Abweichung M verwenden, wobei M nach den gleichen Regeln zu berechnen ist wie m. Es läßt sich nun zeigen, daß zwischen M, der mittleren Abweichung der Serienmittel, m, der mittleren Abweichung der Einzelglieder, und n, der Anzahl der Serienglieder, die einfache Beziehung besteht

(23) $$M = \frac{m}{\sqrt{n}}\ [1].$$

[1] In der Praxis wendet man die Gl. (23) oft auf den Fall an, daß überhaupt nur eine Serie von n Einzelwerten vorliegt. Man bezeichnet dann M als die „mittlere Abweichung des Mittelwertes“ und berechnet sie aus der mittleren Abweichung m der Einzelmessung nach Gl. (23).

Das Zustandekommen dieser Beziehung kann man sich wieder am Galtonschen Brett durch folgende Betrachtung veranschaulichen. Es bezeichne, wie in Gl. (9) und (12), x den Abstand von der Mittellinie, den eine Kugel nach Durchfallen von k Reihen erreicht. Macht man eine sehr große Zahl von solchen Fallversuchen, so tritt eine mittlere Abweichung m der Einzelergebnisse auf, für die nach Gl. (14) gilt

$$\overline{x^2} = m^2 = \frac{k}{4}.$$

Der Mittelwert aus n solchen Versuchen, daß sog. Serienmittel, also die Größe, für deren Schwankungen wir uns interessieren, ist

$$\overline{x} = \frac{x_1 + x_2 + \cdots + x_n}{n}. \tag{24}$$

Das Wesentliche ist nun, daß man sich die Summe $x_1 + x_2 + \cdots + x_n$ direkt am Galtonschen Brett veranschaulichen kann. Man denke sich dazu das Galtonsche Brett nach unten und nach der Breite n mal verlängert, so daß es statt k-Reihen jetzt nk-Reihen hat. Dann ist der Abstand von der Mittellinie, den eine Kugel nach Durchfallen dieses vergrößerten Brettes erreicht $s = x_1 + x_2 + \cdots + x_n$. Es ist gewissermaßen eine mechanische Addition der Einzelergebnisse erfolgt (ähnlich wie bei der Benutzung des Rechenschiebers zur mehrfachen Multiplikation). Der Abstand s veranschaulicht also das n-fache eines Serienmittels, $s = n\overline{x}$, und die mittlere Abweichung dieser s-Werte bei wiederholten Fallversuchen veranschaulicht die mittlere Abweichung der Serienmittel, allerdings n-fach vergrößert. Für $\overline{s^2}$ folgt aber wieder nach Gl. (14) aus der Theorie des Galtonschen Brettes

$$\overline{s^2} = \frac{n\,k}{4} = \overline{(n\,\overline{x})^2},$$

daraus ergibt sich

$$\overline{(\overline{x})^2} = M^2 = \frac{k}{4\,n} = \frac{m^2}{n}.$$

Damit ist die behauptete Beziehung am Galtonschen Brett nachgewiesen.

Über das Poissonsche Verteilungsgesetz.

Wenn man beim Galtonschen Brett berechnet hat, daß die Wahrscheinlichkeit für eine Kugel, in eine spezielle Zelle m zu gelangen, p ist, so ist damit noch nicht gesagt, wieviel Kugeln bei einer Versuchsserie nun wirklich in diese Zelle gelangen werden. Wenn p etwa in einem Spezialfall 0,09 ist und man macht Versuchsserien mit je $N = 100$ Kugeln, so wird sich zwar als Mittelwert aus sehr vielen Versuchsserien $\overline{n} = 9$ ergeben, aber als Ergebnisse der Einzelserien werden auch n-Werte auftreten, die mehr oder weniger von 9 abweichen. Man übersieht daher die Verhältnisse erst dann, wenn man die Verteilung von n kennt, wenn man also angeben kann, wie groß die Wahrscheinlichkeit ist, daß gerade n Kugeln in die Zelle bei einem Versuch gelangen.

Es ist also folgende Aufgabe zu lösen: p sei die Wahrscheinlichkeit, daß ein Ereignis im günstigen Sinne eintritt (Ankunft der Kugel in einer speziellen Zelle), N sei die Zahl der Versuche einer Serie (Anzahl der Kugeln, die man in einer Serie fallen läßt). Die gesuchte Wahrscheinlichkeit $W(n)$, daß bei einer Versuchsserie gerade n günstige Ereignisse eintreten (n Kugeln in die Zelle gelangen), ist dann nach einer von Newton bereits angegebenen Gleichung

$$W(n) = \binom{N}{n} p^n (1-p)^{N-n} = \frac{N!}{n!(N-n)!} p^n \cdot (1-p)^{N-n}. \tag{25}$$

Zur Ableitung der Gleichung, die sich vom Standpunkte der elementaren Wahrscheinlichkeitsrechnung aus verstehen läßt, sei bemerkt: Die Wahrscheinlichkeit, daß das günstige Ereignis genau n mal und das ungünstige $(N-n)$ mal in irgendeiner bestimmten Reihenfolge auftritt, ist $p^n(1-p)^{N-n}$. Solche Reihenfolgen, in denen das günstige Ereignis n mal, das ungünstige $(N-n)$ mal auftritt, gibt es $\binom{N}{n}$ verschiedene, wie man sich leicht klar macht, wenn man vom Falle $n=0$ über $n=1$ zu den höheren Zahlen aufsteigt. Daraus folgt die Newtonsche Gleichung. Die Gl. (25) gibt also die strenge Lösung für unsere Frage. Man erkennt schon an der mathematischen Form, daß es sich nicht um eine Gaußsche Verteilung handelt.

An diese strenge Gl. (25) knüpft man nun wieder weitere mathematische Betrachtungen, die in Spezialfällen zu analytisch einfacheren Ausdrücken führen. Praktisch besonders wichtig ist der Fall, daß $N \gg 1$ ist und $p \ll 1$ ist. Dann treten nur n-Werte auf, die klein gegen N sind. (Am Galtonschen Brett ist dieser Fall immer bei den Zellen realisiert, die weiter ab von der Mitte liegen.) Der Mittelwert von n wird, da N als groß vorausgesetzt ist, nahezu $\bar{n} = pN$ sein. Diese Größenbeziehungen benutzt man zu folgenden Umformungen, die im Prinzip mit den bei Gl. (9) durchgeführten übereinstimmen. Auf $N!$ und $(N-n)!$ wendet man die Stirlingsche Gl. (10) an (dagegen nicht auf $n!$, weil n auch eine kleine Zahl sein kann). Man erhält

$$\frac{N!}{(N-n)!} = \frac{\sqrt{2\pi}\, N^{N+\frac{1}{2}}\, e^{-N}}{\sqrt{2\pi}\,(N-n)^{N-n+\frac{1}{2}}\, e^{-(N-n)}}$$

$$= e^{\left(N+\frac{1}{2}\right)\ln N - \left(N-n+\frac{1}{2}\right)\ln(N-n) - n}.$$

Nun wendet man auf $\ln(N-n)$ eine Reihenentwicklung (11) wie früher an, geht aber nur bis zum linearen Glied, und erhält

$$\ln(N-n) = \ln N + \ln\left(1-\frac{n}{N}\right) \sim \ln N - \frac{n}{N}.$$

Daher

$$\frac{N!}{(N-n)!} = e^{n \ln N - n \frac{\frac{1}{2}-n}{N}} \sim e^{n \ln N} = N^n \text{ [1]}.$$

Ferner kann man in Gl. (25) für p^n mit guter Annäherung $\left(\frac{\bar{n}}{N}\right)^n$ setzen. Für $(1-p)^{N-n}$ kann man eine Reihenentwicklung nach p ansetzen und erhält

$$(1-p)^{N-n} \sim (1-p)^N = e^{N \ln(1-p)} \sim e^{-Np} \sim e^{-\bar{n}}.$$

Es wird also

$$(26) \qquad \begin{cases} W(n) = \dfrac{1}{n!} N^n \left(\dfrac{\bar{n}}{N}\right)^n e^{-\bar{n}}, \\ W(n) = \dfrac{(\bar{n})^n e^{-\bar{n}}}{n!}. \end{cases}$$

Diesen Ausdruck bezeichnet man als Poissonsche Gleichung. Bemerkenswert bei dieser Verteilung ist, daß nur eine einzige Konstante, nämlich $\bar{n}$, in der Gleichung auftritt, die mit dem Mittelwert der Verteilung identisch ist, während bei der Gaußschen Verteilung zwei Konstanten auftraten, von denen die eine den Mittelwert, die andere die mittlere Abweichung der Verteilung angibt.

Zur Berechnung der mittleren Abweichung muß man, wie früher angegeben [Gl. (3) und (5)], den Ansatz machen

$$m^2 = \overline{(n-\bar{n})^2} = \sum_{0}^{\infty} {}^n (n-\bar{n})^2 W(n) = \sum_{0}^{\infty} {}^n (n-\bar{n})^2 \frac{(\bar{n})^n e^{-\bar{n}}}{n!}$$

Das Resultat der Rechnung, die im wesentlichen darauf beruht, durch kleine Umformungen die Summe so zu verwandeln, daß sie die Reihendarstellung der Funktion $e^{+\bar{n}}$ darstellt, ergibt

$$(27) \qquad m^2 = \bar{n}.$$

Dieses überraschend einfache Resultat ist von großer praktischer Bedeutung. Sobald man weiß, daß die Voraussetzungen für die Anwendung der Poissonschen Gleichung gegeben sind, also großes N und kleines p, und man den ungefähren Mittelwert kennt, so weiß man schon, daß man eine mittlere Abweichung zu erwarten hat, die gleich der Quadratwurzel aus dem Mittelwert ist.

Ein Zahlenbeispiel möge diese Zusammenhänge noch erläutern: Es wurden an dem Galtonschen Brett 25 Versuchsserien mit je 100 Kugeln

---

[1] Die so gewonnene Beziehung und den Bereich ihrer Zulässigkeit übersieht man einfacher, wenn man die Fakultäten entwickelt. Man erhält dann

$$\frac{N!}{(N-n)!} = N(N-1)(N-2)\ldots(N-n+1).$$

Wenn man für dieses $n$gliedrige Produkt einfach N^n setzt, wie oben geschehen, so erkennt man, daß dies nur zulässig ist, wenn $N \gg 1$ und $n \ll N$ ist.

gemacht und beobachtet, wieviel Kugeln in die mit $x = \pm 4$ (oder $u = 2$ und $u = 10$) bezeichneten beiden Zellen fielen. Nach Tab. 4 ist die Wahrscheinlichkeit hierfür 0,01. Es ist also $p = 0{,}01$ und $N = 100$ und die Voraussetzungen für die Anwendung der Poissonschen Gleichung sind gegeben. In Tab. 5 gibt die erste Spalte an, wieviel Kugeln in eine Zelle gelangten, die zweite Spalte besagt, mit welcher relativen Häufigkeit die

Tab. 5. Nachprüfung der Poissonschen Gleichung am Galtonschen Brett.

Anzahl der Kugeln n	Beob. rel. Häufigkeit	$W(n)$ berechnet nach (25) $N = 100$ u. $p = 0{,}01$	nach (26) mit $\bar{n} = 1$
0	0,30	0,366	0,368
1	0,44	0,370	0,368
2	0,16	0,185	0,184
3	0,10	0,061	0,061
4	0,00	0,015	0,015

$\bar{n}_{\text{beob.}} = 1{,}06 \qquad m_{\text{beob.}} = 0{,}93$

$n_{\text{ber}} = 1{,}00 \qquad m_{\text{ber}} = \sqrt{1{,}00}$

betreffenden n-Werte beobachtet wurden. Spalte 3 und 4 gibt die berechneten Werte von $W(n)$, und zwar einmal nach der strengen Newtonschen Gl. (25), das andere Mal nach der Poissonschen Gl. (26). Man sieht, daß die Abweichung zwischen den letzten beiden Spalten bedeutungslos klein ist. Die beobachteten relativen Häufigkeiten stimmen mit den berechneten Wahrscheinlichkeiten in dem Maße überein, wie man es bei dem verhältnismäßig kleinen statistischen Material $(2 \cdot 25)$ erwarten kann. Unter der Tabelle ist noch angegeben, was für Zahlen für den Mittelwert $\bar{n}$ und die mittlere Abweichung m sich aus den Beobachtungen ergeben.

Wenn man aus den $W(n)$-Werten der Poissonschen Gleichung $\bar{n}$ und m berechnet, so findet man natürlich $\bar{n} = 1$ und $m = \sqrt{1}$, weil ja $\bar{n} = 1$ in die Gleichung eingeführt wurde. Wenn man aber der Berechnung nur die fünf $W(n)$-Werte der vierten Spalte zugrunde legt (statt bis $n = \infty$ zu gehen), so findet man $\bar{n} = 0{,}98$ und $m = 0{,}96$. Die Summation ist also bis zum kleinstmöglichen Wert $n = 0$ durchgeführt, dagegen nach der anderen Seite nicht bis $n = +\infty$, sondern nur bis $n = 4$. Es versteht sich, daß daraus der zu kleine Wert von $\bar{n}$ folgt, und daß der Wert für m noch kleiner sein muß, weil bei der Berechnung von m die großen Werte infolge des erforderlichen Quadrierens noch bedeutungsvoller werden als bei der Mittelwertsbildung. Daraus folgt, daß man auch in der Praxis, wo man ja immer eine in diesem Sinne unvollständige Summation bei der Berechnung von $\bar{n}$ und m durchführt, mit größerer Wahrscheinlich keit einen etwas zu kleinen $\bar{n}$-Wert erhält und daß ferner mit größerer Wahrscheinlichkeit m etwas kleiner als $\sqrt{\bar{n}}$ erhalten wird als umgekehrt.

Die Wahrscheinlichkeit in der Fertigungs-überwachung.

Von Obering. **K. Franz**, Siemensstadt.

Es ist kennzeichnend für die Tätigkeit des im praktischen Betriebe stehenden Fertigungs-Ingenieurs, daß sie ihn fortwährend zur geistigen Umstellung auf einen neuen Fragenkomplex zwingt und häufig innerhalb weniger Minuten eine Entscheidung erheischt. Eine solche Arbeitsweise gibt offenbar nicht den geeigneten Boden für mathematische Überlegungen ab, und der Betriebsmann wird daher wenig Zeit und Muße haben, sich mit Wahrscheinlichkeitsrechnungen zu beschäftigen. Daß es trotzdem in der rauhen Wirklichkeit des Fertigungsbetriebes vielfach um die Frage von Wahrscheinlichkeiten geht, kann er aber nicht verhindern. Er muß sich daher wohl oder übel mit solchen Fragen befassen; seiner Einstellung gemäß bevorzugt er dabei allerdings die anschauliche Betrachtungsweise gegenüber abstrakten mathematischen Berechnungen.

Daß im Betriebe Fragen der Wahrscheinlichkeit eine Rolle spielen, mag im ersten Augenblick überraschend erscheinen, wird jedoch sofort verständlich, wenn man beachtet, daß es sich in der industriellen Gütererzeugung häufig um große Mengen gleichartiger Erzeugnisse handelt, so daß auf die bei ihrer Fertigung auftretenden Erscheinungen die Gesetze der mathematischen Statistik anwendbar sind. Eine solche Betrachtungsart, für die man den Namen „Großzahl-Forschung“ geprägt hat, erweist sich, zumal in der Massenfertigung, als sehr nutzbringend und tritt gleichberechtigt neben die übliche Methode, die Probleme durch unmittelbare Erforschung des ursächlichen Zusammenhanges zu lösen.

Einige Beispiele sollen zeigen, bei welchen Fragen im Betriebe die statistische Betrachtungsweise mit Vorteil Anwendung findet.

Sind etwa 1000 Buchsen mit 3 mm-Bohrung für eine Achslagerung zu fertigen, so ist es praktisch unmöglich, jede Bohrung genau gleich der anderen herzustellen. Man trägt dem ja üblicherweise dadurch Rechnung, daß neben dem Sollmaß, welches anzustreben ist, in der Zeichnung noch vermerkt wird, welche größten Abweichungen von diesem Maß nach oben und unten zugelassen sein sollen. Aus Gründen der Wirtschaftlichkeit wird die Fertigung immer genötigt sein, dieses ihr zur

Verfügung gestellte Toleranzfeld auch wirklich auszunutzen, und man erhält daher Lieferungen, deren Einzelteile in irgendwelcher Weise auf eine Reihe verschiedener Maße verteilt sind. Solange alle Teile der betrachteten Menge innerhalb der Toleranzgrenzen liegen, wird man sich über die Art ihrer Verteilung im allgemeinen nicht besondere Gedanken machen, anders wird es aber, wenn ein bestimmter Prozentsatz der Fertigungsmenge außerhalb dieser Grenzen liegt und nun entweder als Ausschuß zu verwerfen ist oder einer Nacharbeit unterzogen werden muß. Weiß man genau, wodurch der Fehler verursacht wurde — etwa zu starke Abnutzung des Werkzeuges, ungenaue Einspannung des Arbeitsstückes od. dgl. —, so wird die Angelegenheit schnell ihre Erledigung finden. Häufig ist es aber so, daß man zwar den Fehler feststellt, aber durchaus keine Erklärung für sein Zustandekommen hat und demzufolge — was das unangenehmste ist — nichts zu seiner Vermeidung tun kann. Hier ist dann ein geeignetes Feld für die Großzahluntersuchung.

Zwangsweise wird man auch zu Wahrscheinlichkeitsbetrachtungen geführt, wenn es sich darum handelt, große Fertigungsmengen zu prüfen. Wenn beispielsweise eine Automatendreherei in der Woche 2 bis 3 Millionen Einzelteile herstellt, so ist es natürlich aus Gründen der Wirtschaftlichkeit nicht angängig, alle diese Teile einer Güteprüfung zu unterziehen, und unmöglich wird ein solches Verfahren überhaupt, wenn die Güteprüfung eine Zerstörung des Prüflings bedingt, etwa die Festigkeitsprüfung an dem bekannten Isolierstoff-Handapparat der Fernsprechstation. In solchen Fällen bleibt nur der Weg, eine Teilmenge des Fabrikates zu untersuchen und aus diesem Teilergebnis zu schließen, mit welcher Wahrscheinlichkeit die Gesamtmenge den gestellten Bedingungen genügen wird.

Schließlich ist man auch bei der Aufstellung von Liefer- und Abnahmebedingungen gezwungen, sich auf ein möglichst umfangreiches Beobachtungsmaterial zu stützen, um sicherzustellen, daß später diese Bedingungen auch einzuhalten sind.

Diese kurze Aufzählung zeigt, daß es im Betriebe eine Reihe von Problemen gibt, die nur an Hand umfangreichen Beobachtungsmaterials und unter Würdigung des Durchschnittswertes und der vorhandenen Streuung der Einzelwerte zu beantworten sind. Damit erhebt sich als erste Frage, wie denn der Techniker das vorliegende Beobachtungsmaterial zunächst einmal ordnet und in anschaulicher Weise zur Darstellung bringt.

Wenn in einer Beobachtungsserie eine Einzeleigenschaft — ein Maß, das Stückgewicht, die Festigkeit, die Remanenz usw. — ermittelt wurde, so bietet sich dem Auswertenden das Material in Form wahllos durcheinander gewürfelter Zahlen dar. Man wird den gesamten Streubereich der Zahlen zunächst in eine Anzahl gleich breiter Intervalle einteilen und dann die Einzelwerte in diese Intervalle einordnen bzw. feststellen, wie viele Einzelwerte in jedes Intervall fallen. Als Beispiel diene die Ermittlung des Gewichtes von 1200 Spulenkörpern aus Eisenpulver für Hochfrequenzspulen wie folgt:

Tab. 6. Verteilung der Gewichte von Spulenkörpern.

Gewicht in 0,1 g x	Häufigkeit des Vorkommens von x z	Abweichung des Gewichts vom gewählten u ε	$z\varepsilon$	$z\varepsilon^2$
145	17	−4	−68	272
146	23	−3	−69	207
147	74	−2	−148	296
148	152	−1	−152	152
			−437	
u = 149	266	0		0
150	295	1	295	295
151	214	2	428	856
152	116	3	348	1044
153	39	4	156	624
154	15	5	75	375
	$\Sigma z = 1211$		$\Sigma z\varepsilon = 1302$	$\Sigma z\varepsilon^2 = 4121$

$$M(x) = u + \frac{\Sigma z\varepsilon}{\Sigma z} = 149 + \frac{1302-437}{1211} = 149 + 0{,}714 = 14{,}9714 \text{ g}.$$

$$s^2 = \frac{\Sigma z\varepsilon^2}{\Sigma z} - \left[\frac{\Sigma z\varepsilon}{\Sigma z}\right]^2 = \frac{4121}{1211} - (0{,}714)^2 = 3{,}4030 - 0{,}5098 = 2{,}8932.$$

$$s = 1{,}7\,\frac{\text{g}}{10} = 0{,}17 \text{ g}.$$

Die Klasseneinteilung war hier automatisch dadurch gegeben, daß die Wägungen nur auf 0,1 g genau ausgeführt worden waren, so daß beispielsweise unter der Angabe 15,0 g alle Spulenkörper erfaßt sind, deren Gewicht zwischen 14,95 und 15,05 g liegt. Von Bedeutung ist nun stets der arithmetische Mittelwert und das quadratische Streumaß der beobachteten Zahlenwerte. Die Berechnung erfolgt am bequemsten so, daß man einen Wert u annimmt, der nach oberflächlicher Beurteilung dem wahren Mittelwert naheliegen wird; hierbei wählt man für u möglichst eine runde Zahl, damit die Bildung der Differenzen und deren Quadrate einfach wird. Im vorliegenden Fall sind die Gewichte in Zehntel-Grammen eingetragen, um die Rechnung mit Dezimalbrüchen zu vermeiden. Berechnet man jetzt die Abweichungen der einzelnen Gewichtswerte von u und multipliziert sie jeweils mit der Häufigkeit der in diese Gruppe fallenden Werte, so erhält man in einfacher Weise als Quotienten von $\Sigma(z\varepsilon) : \Sigma(z)$ die Korrektur, die man an dem Wert u anzubringen hat, um auf das wirkliche arithmetische Mittel zu kommen. In der letzten

Spalte ist die Summe der quadratischen Abweichungen der Einzelwerte von u ausgerechnet. Durch Division in die Gesamtzahl der Wägungen erhält man das Quadrat der mittleren Abweichung gegenüber u. Hiervon hat man dann nur das Quadrat des oben erwähnten Korrekturgliedes abzuziehen und aus der gefundenen Differenz die Wurzel zu ziehen, um auf das Streumaß s des Kollektivs zu kommen. Führt man derartige Messungen von Zeit zu Zeit immer wieder aus, so gibt der Vergleich der gefundenen Mittelwerte und Streumaße einen wertvollen Aufschluß über die Gleichmäßigkeit der Fertigung. Mehr als solche tabellarischen Zusammenstellungen und Rechnungen wird allerdings der Ingenieur eine

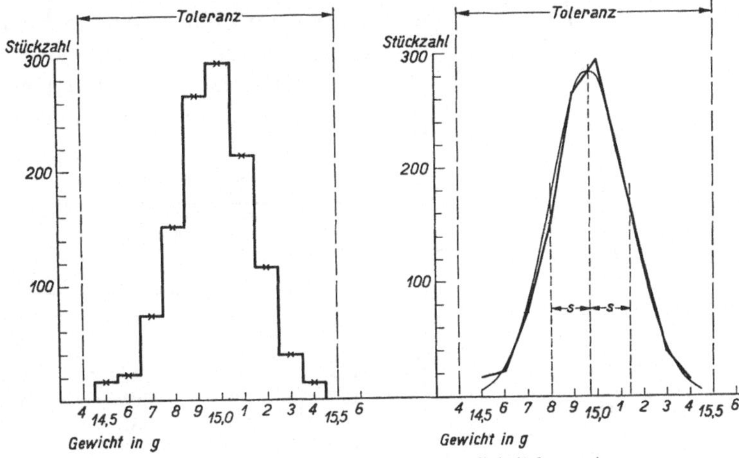

Abb. 4. Gewichte von Spulenkörpern (Häufigkeitskurven).

graphische Darstellung des Beobachtungsmaterials schätzen. Man trägt auf der Abszissenachse die einzelnen Gruppenintervalle bzw. deren mittlere Werte auf und errichtet darauf jeweils eine Ordinate gleich der Gruppenhäufigkeit. Durch die Ordinatenendpunkte legt man entweder Horizontalen zur X-Achse und erhält so eine Treppenkurve, oder man verbindet die Endpunkte miteinander und bekommt so das Häufigkeitspolygon. Abb. 4 zeigt für das vorher gegebene Zahlenbeispiel die entsprechenden graphischen Darstellungen, links die Treppenkurve und rechts das Häufigkeitspolygon. Man sieht, daß sich die gefundene Verteilung der Gaußschen Kurve gut anschmiegt, daß also offenbar kein stärkerer Störungsfaktor bei der Fertigung vorhanden war.

In vielen Fällen wird nun noch eine andere Art der Darstellung übersichtlicher und zweckmäßiger sein, das ist die Integralkurve des eben besprochenen Häufigkeitspolygons. Ihr Zustandekommen sei zunächst wieder an Hand einer Tabelle gezeigt. Hier sind die einzelnen Gruppenhäufigkeiten fortlaufend addiert, und in einer letzten Spalte ist ausgerechnet, welchen Prozentsatz von den Gesamtbeobachtungen die jeweilige Summe ausmacht. Abb. 5 gibt die graphische Darstellung dieser Tabelle. Die Integralkurve verwendet man mit Vorteil bei der Aufstellung oder Beurteilung von Liefer- und Abnahmebedingungen. Man kann nämlich bequem daran ablesen, wieviel Prozent einer Fertigungsmenge außerhalb der festgelegten Toleranz liegen werden und wie sich eine etwaige Verengerung der Toleranz auswirken wird. An dem vorliegenden Beispiel, das der Praxis entnommen ist, sieht man beispielsweise, daß die Fertigung genau in der Mitte des Toleranzfeldes liegt, und daß an seinen beiden Grenzen noch eine kleine Sicherheit für außergewöhnliche Streuungen vorhanden ist. Die

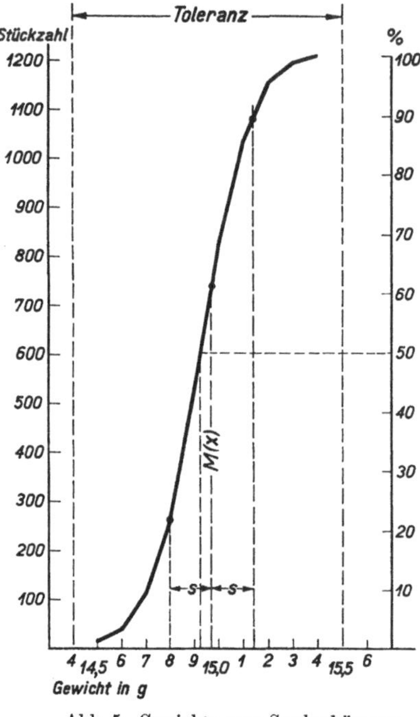

Abb. 5. Gewichte von Spulenkörpern (Integralkurve).

Tab. 5. Verteilung der Gewichte von Spulenkörpern.

Gewicht in 0,1 g x	Häufigkeit des Vorkommens von x z	Summe der Häufigkeiten Σz_i	Summe der Häufigkeiten in % $(\Sigma z_i : \Sigma z) \cdot 100$
145	17	17	1,4
146	23	40	3,3
147	74	114	9,4
148	152	266	22,0
149	266	532	44,0
150	295	827	68,2
151	214	1041	86,1
152	116	1157	95,6
153	39	1196	99,0
154	15	1211	100,0

Erklärung für diese nahezu ideale Häufigkeitsverteilung liegt allerdings darin, daß das Ursprünglich-Vorhandene eine Ausfallmuster-Fertigung mit dieser Verteilung war, auf Grund deren eben diese Toleranzgrenzen festgelegt wurden. Die in den vorigen Abbildungen wiedergegebene Betriebskontrolle gibt nun dem Betriebsingenieur die beruhigende Gewißheit, daß seine laufende Fertigung den gleichen Gütegrad hält wie die Ausfallmuster-Fertigung. Dieses Beispiel zeigt auch einprägsam die Zweckmäßigkeit einer solchen Häufigkeitsbeobachtung bei der Erstfertigung. Der Betrieb übernimmt mit den ihm gegebenen Toleranzen nur Verpflichtungen, die er hernach auch wirklich einhalten kann, und die Entwicklungsabteilung kann auf diesen Werten ihre elektrischen Berechnungen aufbauen, ohne befürchten zu müssen, daß plötzlich eines Tages die Selbstinduktionswerte der Spulen nicht mehr zu halten sind. Wollte man etwa die Toleranz auf 14,7 bis 15,2 g verkleinern, so würde man, wie direkt aus der Kurve abzulesen ist, mit $3+5=8\%$ Ausschuß rechnen müssen und hätte zu diesem Verlust die noch viel größere Mehrbelastung zu tragen, daß eine 100proz. Prüfung der Spulenkörper vorgesehen werden müßte. In das Kurvenbild Abb. 5 ist noch die errechnete Streuung eingetragen; man sieht, daß $89-21=68\%$ der Teile innerhalb des durch das doppelte Streumaß $2s$ abgegrenzten Kurvenstückes liegen, eine Zahl, die genau der nach der Gaußschen Kurve zu erwartenden entspricht.

Bei der Aufstellung der Treppenkurve oder des Häufigkeitspolygons hat man nun stets die Freiheit in der Wahl der Gruppeneinteilung. Nimmt man zu viele und zu schmale Gruppen, so läuft man Gefahr, eine stark schwankende Kurve zu bekommen, wobei aber diese Schwankungen keine reale Bedeutung haben, sondern nur eine Folge der verhältnismäßig zu geringen Beobachtungsziffern innerhalb der einzelnen Gruppen sind. Dies wird deutlich in der Abb. 6, welche Remanenzmessungen an Relaisankern wiedergibt. Man vermeidet solch ein irreführendes Bild bereits, wenn man zwei benachbarte Gruppen zu einer einzigen zusammenfaßt. Vielfach kann es erforderlich sein, eine noch breitere Gruppeneinteilung zu wählen. Eine Regel dafür läßt sich nicht angeben; derjenige, der solche Betrachtungen häufiger durchführt, wird bald das Fingerspitzengefühl für die zweckmäßigste Gruppenbreite haben. Natürlich darf man mit der Verbreiterung der Gruppen auch nicht zu weit gehen, damit nicht wichtige Einzelheiten der Häufigkeitskurve einfach verschwinden. Das Extrem wäre ja eine Einteilung, bei der sämtliche Beobachtungen in einer Gruppe liegen würden. Die ganze Kurve würde dann in einen Punkt zusammenschrumpfen und die Betrachtung überhaupt jeden Sinn verlieren. An der Abb. 6 erkennt man das Gesagte deutlich; mit wachsender Gruppenbreite wird zunächst die Verteilung der Werte klarer, um aber schließlich immer mehr ihre Eigenart einzubüßen. Auf eine interessante Tatsache kann an Hand der ersten Kurve in Abb. 6 noch hinge-

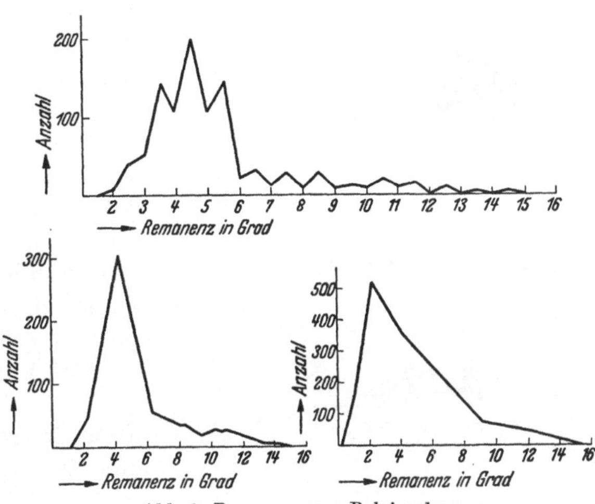

Abb. 6. Remanenz von Relaisankern.

wiesen werden. Es handelt sich hier um die ballistische Messung der scheinbaren Remanenz. Die Messung geht so vor sich, daß der zu untersuchende Relaisanker in einer Spule kurz aufmagnetisiert wird; dann wird die Spule an ein ballistisches Galvanometer angeschlossen und der beim schnellen Herausziehen des Ankers aus der Spule auftretende einmalige Ausschlag des Instruments beobachtet. Abgelesen wurden diese Ausschläge von einer angelernten Arbeiterin auf 0,5 Skalenteile genau. Die über 3° aufgetragene Häufigkeit umfaßt also alle Messungen innerhalb des Bereichs von 2,75—3,25° usw. Nun ist auffallend, wie ausgeprägt immer Spitzen bei den halben Skalenteilen auftreten. Es ist klar, daß diese Spitzen sachlich nicht begründet sind; sie sind vielmehr offenbar dadurch zustande gekommen, daß die Arbeiterin, die ja die Zehntelteile zwischen zwei Skalenstrichen schätzen muß, unbewußt das Mittelintervall zwischen den Teilstrichen größer ansetzt als die Intervalle um einen Teilstrich herum. Praktisch ist im vorliegenden Falle dieser Fehler bedeutungslos, da eine Meßgenauigkeit auf 1° in der laufenden Prüfung vollauf genügt. Trotzdem gab die Feststellung dieser Eigenart Veranlassung, 3 Arbeiterinnen, die nebeneinander die gleiche Prüfung ausführen, vergleichsweise zu beobachten. Jede bekam daher aus einer größeren Lieferung etwa 1000 Relaisanker zugewiesen und mußte die daran gefundenen Werte aufschreiben. Das Ergebnis ist in Abb. 7 zusammengestellt. Arbeiterin 1 ist die gleiche, von der auch die zuvor gezeigten Messungen stammten; die Spitzen in der Häufigkeitskurve treten wieder deutlich in Erscheinung. Aber auch bei der Arbeiterin 3 ist eine gewisse Bevorzugung bestimmter Ablesungen noch erkennbar. Dem Verlauf der Kurven nach möchte es zuerst scheinen, daß Arbeiterin 1

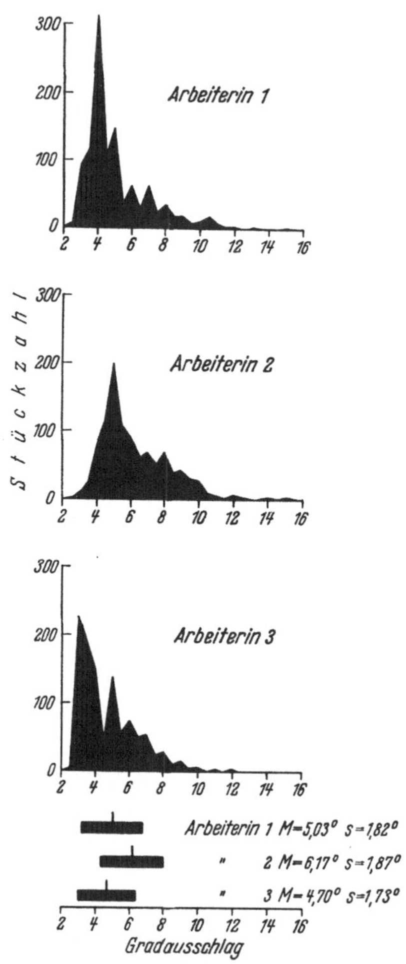

Abb. 7. Remanenzmessung an Relaisankern. Vergleich von 3 Prüferinnen.

und 2 etwa gleichmäßig messen, während Arbeiterin 3 auffallend anders mißt. Die Nachrechnung von Mittelwert und Streumaß zeigt dann allerdings, daß die Ergebnisse der Arbeiterin 2 merklich aus dem Rahmen herausfallen, während die Unterschiede zwischen Arbeiterin 1 und 3 unbedingt innerhalb der Meßgenauigkeit liegen. Da die 3000 Anker einer geschlossenen Lieferung entstammten, also mit hoher Wahrscheinlichkeit gleichmäßig verteilt lagen, bekommt hier der Betriebsingenieur einen wertvollen Fingerzeig, daß es erforderlich ist, die Eignung der Arbeiterin 2 für diese Arbeit und das einwandfreie Arbeiten der von ihr bedienten Meßeinrichtung zu überprüfen.

Die Wahl der Gruppenbreite und der Gruppenlage beeinflußt die Klarheit der Häufigkeitskurve unter Umständen beträchtlich. Es ist daher bei sorgfältigeren Arbeiten zweckmäßig, von mehreren Gruppenlagen auszugehen, wodurch auch ohne Rechnung die Feststellung des häufigsten Wertes ermöglicht wird. Dies soll wieder durch ein Beispiel, und zwar Kapazitätsmessungen an Silberglimmerplatten, erläutert werden (Abb. 8). Die Zusammenfassung in Gruppen von je 5 pF ergibt die gestrichelte Kurve, die noch einen ziemlich unregelmäßigen Verlauf zeigt; man kann bezüglich des häufigsten Wertes daraus nur entnehmen, daß er zwischen 165 und 190 pF liegen wird. Faßt man nun immer drei benachbarte Gruppen zu einer größeren, gemeinsamen Gruppe zusammen, so bekommt man, wenn man die erste Gruppe mit 140 pF beginnt, die durch einen Kreis bezeichneten Punkte der ausgezogenen Kurve. Entsprechend erhält man bei Gruppenbeginn bei 145 pF die ausgefüllten Kreise und bei Gruppenbeginn bei 150 pF die Kreise mit eingezeichnetem Punkt. So gewinnt man eine Reihe von Kurvenpunkten, die ein recht klares Bild über die Verteilung der Meßwerte geben.

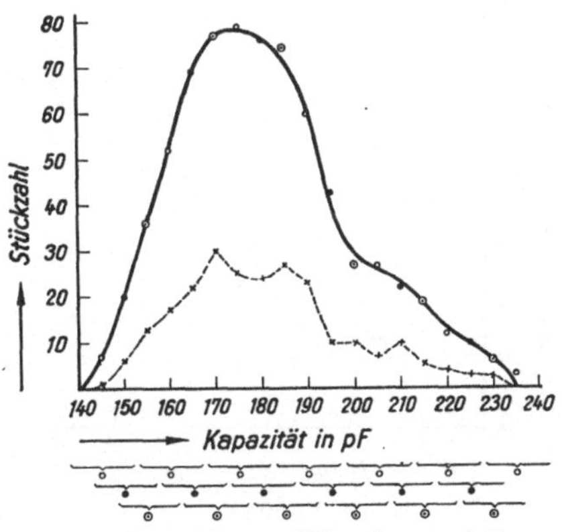

Abb. 8. Kapazität von Silberglimmerplatten.

Bisher war immer von Kollektiven die Rede, bei denen eine kennzeichnende Eigenschaft beobachtet wurde. Vielfach wird aber der Fall vorliegen, daß zwei verschiedene Eigenschaften desselben Gegenstandes betrachtet werden. Zwei solche Eigenschaften können nun entweder in gar keinem ursächlichen Zusammenhang miteinander stehen — z. B. spez. Gewicht und Festigkeit eines Metalls oder spez. Gewicht und Viskosität eines Öles — oder sie können in strenger Abhängigkeit voneinander sein — beispielsweise Außendurchmesser und spez. Widerstand eines Drahtes aus Elektrolytkupfer — oder es kann schließlich ein mehr oder minder lockerer Zusammenhang zwischen ihnen bestehen. Die beiden erstgenannten Fälle werden kein besonderes Interesse abnötigen, um so mehr aber der zuletzt erwähnte. Als Beispiele wären hier zu nennen Festigkeit und Dehnung von gezogenem Flußstahl oder Festigkeit und Brinellhärte von Bronzefedern. In einem solchen Falle spricht man von einer „Korrelation", die zwischen den beiden Eigenschaften besteht. Zeichnet man die zusammengehörigen Werte in ein Koordinatensystem ein, dessen Abszisse die eine Eigenschaft und dessen Ordinate die andere darstellt, so bekommt man im Fall der vollkommenen Zusammenhanglosigkeit regellos auf der Zeichenfläche verteilte Punkte, im zweiten Fall einen im allgemeinen stetig verlaufenden Linienzug und im dritten Fall Punkte, die zwar auch durcheinanderstreuen, die aber doch eine gewisse Regelmäßigkeit der Anordnung erkennen lassen. Zur näheren Erläuterung sollen Messungen des magnetischen Kraftflusses dienen, die an Induktormagneten auf zwei verschiedene Arten vorgenommen wurden. Einmal wurde der Fluß im neutralen Querschnitt des offenen, also nicht durch einen Anker geschlossenen Magneten gemessen, das zweite Mal wurde eine Prüfeinrichtung benutzt, die den Zusammenbau des Induktorsystems nachahmt und den im rotierenden Anker auftretenden Fluß mißt. Es ist aus theoretischen Erwägungen heraus klar, daß ein eindeutiger Zusammenhang zwischen diesen beiden Messungen nicht bestehen kann, da jedesmal an einem anderen Punkt der Hysteresekurve gemessen wird. Ein solcher Zusammenhang könnte nur dann vorhanden sein, wenn die Hystereseschleife für alle Magnete identisch gleich wäre, was natürlich in der Praxis infolge Schwankungen in der Stahlzusammensetzung und besonders in der Härtung nicht der Fall ist. Demnach war der Messung des Magneten im fertigen System unbedingt der Vorzug zu geben; da aber das Lieferwerk der Magnete anfänglich über eine solche Prüfeinrichtung nicht verfügte, blieb zunächst nichts weiter übrig, als dort die Prüfung in der üblichen Art im offenen Magnetkreis vorzunehmen. Es bestand also die Notwendigkeit, sich ein Bild darüber zu machen, mit welcher Annäherung beide Methoden gleichartige Beurteilung der

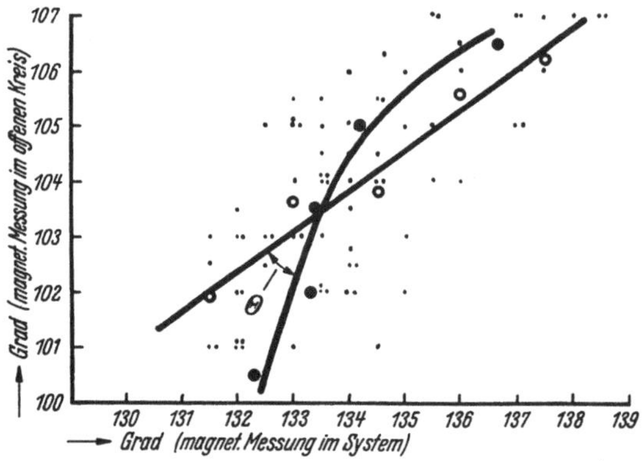

Abb. 9. Korrelation zweier Messungen.

Magnete ergeben. In der Abb. 9 sind in der Senkrechten die Ablesungen des Lieferwerkes, in der Waagerechten die Meßwerte beim Verbraucher eingetragen. Nun sind die gesamten Meßpunkte innerhalb eines Bereichs von 1,5 Skalenteilen zusammengefaßt und der jeweilige Mittelwert gebildet, und zwar zunächst in der Senkrechten. Man sieht z. B., daß einem Ausschlag von 131,5° an der Prüfeinrichtung als wahrscheinlichste Ablesung im Lieferwerk ein Wert von 101,9° zugeordnet sein wird. In gleicher Weise sind auch für die anderen Gruppen die mit Kreis eingezeichneten Punkte als Mittelwerte erhalten worden. Die durch diese Punkte gelegte Gerade gibt dann an, welche Meßwerte des Lieferanten zu den einzelnen Ausschlägen an der Prüfeinrichtung gehören werden. Man

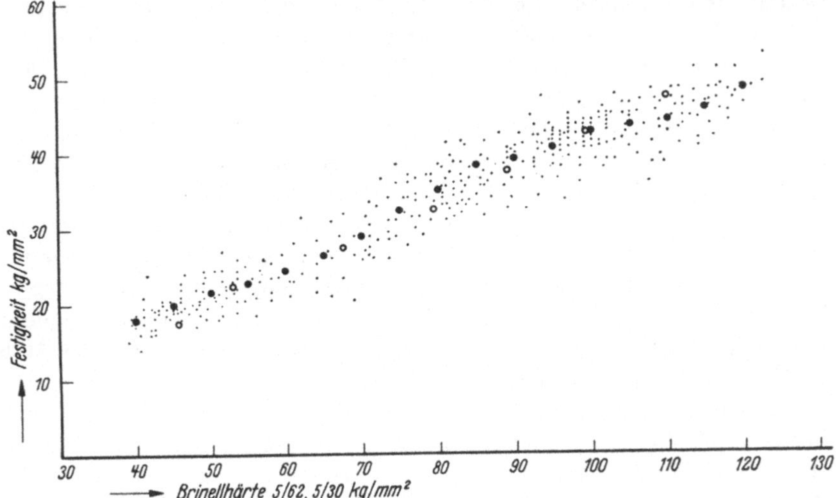

Abb. 10. Zusammenhang zwischen Härte und Festigkeit bei einer Leichtmetall-Legierung.

würde nun vielleicht erwarten, daß man auf dieselbe Gerade kommen müßte, wenn man von den Meßwerten des Lieferanten ausgeht und in genau gleicher Weise die Gruppeneinteilung und Mittelwertbildung vornimmt. Das ist aber nicht der Fall. Man erhält vielmehr die durch Vollkreis bezeichneten Punkte und die durch sie gelegte krumme Linie. Die beiden Linien schneiden sich in einem Punkt und bilden so das sog. Korrelationskreuz, das den Korrelationswinkel Θ einschließt. Die Größe dieses Winkels ist ein Maß für die Intensität des Zusammenhangs zwischen den beiden Meßmethoden. Ganz allgemein gilt, daß der Zusammenhang zwischen zwei Eigenschaften um so enger ist, je kleiner der Korrelationswinkel ausfällt. Ein Korrelationswinkel von 0°, also Zusammenfallen beider Kurven (s. Abb. 10), bezeichnet einen absoluten Kausalzusammenhang beider Eigenschaften, ein Winkel von 90° ist dagegen ein Zeichen für ihre völlige Unabhängigkeit voneinander.

Für den Betriebsmann ist es außerordentlich wichtig zu wissen, welche Tatsachen im Zusammenhang mit der Güte seiner Fertigung stehen und wie eng diese Verknüpfung ist, wobei es ihm zunächst ganz gleichgültig ist, ob dieser Zusammenhang ein direkter ist oder über den Umweg eines dritten Faktors führt, den er gar nicht kennt. Unsere Stanzerei hat beispielsweise erkannt, daß Bakelit-Hartpapier mit hohem Harzgehalt sich um so besser schneiden läßt, je heller seine Farbe ist, und macht von dieser Erkenntnis Gebrauch, indem sie für besonders schwierig zu schneidende Teile mit vielen Lochungen und schmalen Stegen und für Automatenarbeit nur die helleren Tafeln auswählt. Es ist klar, daß die Farbe des Papiers in keinem ursächlichen Zusammenhang mit seiner Stanzbarkeit steht. Indirekt ist aber der Zusammenhang dadurch gegeben, daß das Kunstharz, je schärfer es ausgebacken wird, um so dunkler und zugleich auch um so spröder wird. So steckt sicher in vielen Betriebserfahrungen ein wohlbegründeter Kern, der nur häufig verborgen geblieben ist. Man soll daher nicht leichtfertig über die Erfahrungen der Werkmeister und Facharbeiter hinweggehen, nur weil ein logischer Zusammenhang zwischen den von ihnen behaupteten Tatsachen nicht besteht. Ebenso oft kommt es freilich auch vor, daß die alten Werkstatterfahrungen auf Voraussetzungen fußen, die längst nicht mehr gegeben sind, und daß sie unter den veränderten Bedingungen vielleicht nicht nur belanglos, sondern sogar falsch sind; der erfahrene Betriebsingenieur wird jedenfalls die Frage der Werkstatterfahrungen mit dem hohen Maß an Vorsicht behandeln, das sie wohl verdient.

Es soll nun eine Frage erörtert werden, die in der Fertigung täglich und stündlich auftritt, und deren Beantwortung für den Betriebspraktiker großes Interesses hat, da sie von erheblicher wirtschaftlicher Bedeutung ist: das ist die Frage der Stichprobenprüfung. Wenn man unbedingt sicherstellen wollte, daß jedes Einzelteil einer Fertigung den gestellten Qualitätsforderungen in jeder Hinsicht entspricht, so müßten eben an jedem Stück alle Maße und alle geforderten Eigenschaften überprüft werden. Bezüglich der Maße wäre dies theoretisch zwar möglich, wirtschaftlich aber einfach nicht erträglich, da dann die Kontrolle der meisten Teile teurer werden würde als ihre Anfertigung selbst. Bei den Werkstoffeigenschaften wäre eine 100proz. Prüfung aber schon vielfach deshalb nicht angängig, weil sie die Zerstörung des betreffenden Teiles bedingt, wie z.B. die Feststellung der Festigkeit, der Bruchdehnung, der Verschleißfestigkeit usw. Auch bei bestimmten Fertigfabrikaten würde die Prüfung ihre Zerstörung erfordern, wie etwa die Prüfung der Brenndauer von Glühlampen oder des Auslösestromes von Schmelzsicherungen. Man ist daher in vielen Fällen gezwungen, nur einen Bruchteil der Lieferung zu prüfen und aus dem Ergebnis dieser Stichprobenprüfung auf die Güte der Gesamtliefermenge zu schließen. Es ist klar, daß es sich hierbei um Fragen der Wahrscheinlichkeit handelt, denn denkbar wäre es schon, daß man aus einer Lieferung von 1000 Teilen, die 900 Ausschußteile enthält, bei einer Stichprobe von 100 Stück gerade die 100 guten Teile entnimmt. Denkbar wäre das, aber höchst unwahrscheinlich. Die Wahrscheinlichkeit für diesen Fall ist nämlich $1 : \binom{1000}{100}$, eine Zahl, deren Berechnung zu zeitraubend wäre, von der man aber leicht zeigen kann, daß sie kleiner als 10^{-100} ist. Wenn es sich also bei der Stichprobenprüfung um eine Frage der Wahrscheinlichkeit handelt, so ist das Problem folgendermaßen zu formulieren: Welche Stichprobenzahl gibt hinreichende Sicherheit, daß in einer Lieferung mindestens P Prozent brauchbare bzw. höchstens Q Prozent unbrauchbare Exemplare enthalten sind. Die Antwort auf diese Frage gibt die Wahrscheinlichkeitsrechnung mit der Gleichung $s = \sqrt{\frac{P \cdot Q}{n}}$, die folgendermaßen zu deuten ist. Entnimmt man aus einer Lieferung, die P' Prozent brauchbare und Q' Prozent fehlerhafte Teile enthält, beliebig oft Stichproben von n Stück, so erhält man innerhalb dieser Stichproben einen Prozentsatz guter Teile, der um P' als Mittelwert schwanken wird und dessen Streumaß eben diesen Wert von s hat. Man kann also, wenn man bei der Prüfung von n Stichproben, P Prozent gut und Q Prozent schlecht gefunden hat, mit hinreichender Sicherheit darauf rechnen, daß in der Gesamtlieferung nicht mehr und nicht weniger als $P' = P \pm 2\sqrt{\frac{P \cdot Q}{n}}$ Prozent guter und $Q' = Q \pm 2\sqrt{\frac{P \cdot Q}{n}}$ schlechter Exemplare sein werden. Hierbei ist zunächst zu erklären, was unter „hinreichender" Sicherheit zu verstehen ist. Es ist dabei vorausgesetzt, daß die Werte um $2\,s$ nach oben und unten streuen dürfen. Dies gibt bei Gaußscher Verteilung ein Fehlschlußrisiko von $\pm$ 2,3%, d. h., in 96 Fällen wird das Ergebnis der Prüfung der oben genannten Bedingung entsprechen, in vier Fällen wird aber die Abweichung von dem gefundenen Prozentsatz noch größer sein. Zu der Gleichung ist weiter zu sagen, daß sie nur Gültigkeit besitzt, solange die Liefermenge groß ist gegenüber der Stichprobenzahl n, denn wenn n die Gesamtstückzahl der Lieferung erreicht, muß ja naturgemäß das Fehlerglied $= 0$ werden, was in der Gleichung nicht geschieht. Ebenso wird die Gleichung ungenau, wenn die Zahl der fehlerhaften Teile unter etwa 20 Stück sinkt. Die zu erwartende Abweichung von dem gefundenen Ergebnis wird übrigens absolut genommen um so größer, je mehr sich das Verhältnis der guten zu den fehlerhaften Teilen dem Wert 1 : 1 nähert. Abb. 11 zeigt eine zahlenmäßige Ausrechnung für die Stichprobenzahlen 100 (äußere Linien) und 1000 (innere Linien). Findet man also in der geprüften Menge 20% Ausschuß, so kann man mit genügender Sicherheit darauf rechnen, daß der Ausschußprozentsatz der Lieferung zwischen

12 und 28% liegen wird; dies gilt für eine Stichprobe von 100 Stück. Bei der Stichprobenentnahme von 1000 Teilen hat man nur mit einer Schwankung des Ausschusses zwischen 17,5 und 22,5% zu rechnen. Dies gilt natürlich nur für 96 von 100 Probenentnahmen. In den restlichen vier Fällen werden diese Werte über- bzw. unterschritten werden. Allerdings werden hierbei wieder geringe Über- und Unterschreitungen weit häufiger sein als größere.

Soweit wäre dies die Antwort der Theorie auf die Frage nach der erforderlichen Stichprobenzahl. Wie sieht es nun demgegenüber in der Praxis aus? Man pflegt dort 100-, 25- oder 10proz. Kontrollen vorzuschreiben und benutzt außerdem den Ausdruck „Stichprobenkontrolle" in dem Sinn, daß nur willkürlich eine kleine Menge aus der Lieferung entnommen werden soll. Es ist dies also eine Vorschrift ohne genaue Zahlenangabe, und in der Praxis wird der entnommene Prozentsatz meist unter 1% liegen. Es richtet sich das aber ganz nach der Größe der Lieferung. Der Prüfer wird eben wahllos eine Handvoll Teile aus dem Lieferkasten herausgreifen. Die 100-proz. Prüfung wird man in allen Fällen vorschreiben, wo keinerlei Fehlerrisiko getragen werden kann. Das wird insbesondere bei den höheren Gütegraden der Passungen der Fall sein, also der Schlicht-, Fein- und Edelpassung. Hier können schon ohnedies durch das Zusammentreffen ungünstig zueinander liegender Teile Spiel und Übermaß so starken Schwankungen unterworfen sein, daß man eine Toleranzüberschreitung bei den Einzelteilen unbedingt ausschließen muß. Dazu kommt noch, daß Herstellungsgenauigkeit und Abnutzung der Lehren weitere Quellen der Unsicherheit sind. Weiter wird man die 100proz. Prüfung anwenden, wenn das Fertigungsverfahren als besonders schwierig oder unsicher bekannt ist. Man schaltet dann fehlerhafte Teile zuverlässig aus und hat daneben den Vorteil, daß man durch die Prüfberichte laufend genau unterrichtet bleibt, ob auch keine Verschlechterung der Fertigung eingetreten ist. In den anderen Fällen, wo man nur die Prüfung eines gewissen Prozentsatzes vorsieht, muß man sich darüber klar sein, daß die gelegentliche Lieferung von Ausschußteilen an den Zusammenbau nicht vermeidbar ist. Entweder muß also solch ein gelegentlicher Fehler erträglich sein bzw. eine Störung durch ihn nur sehr geringe Wahrscheinlichkeit haben, oder er muß so augenfällig sein,

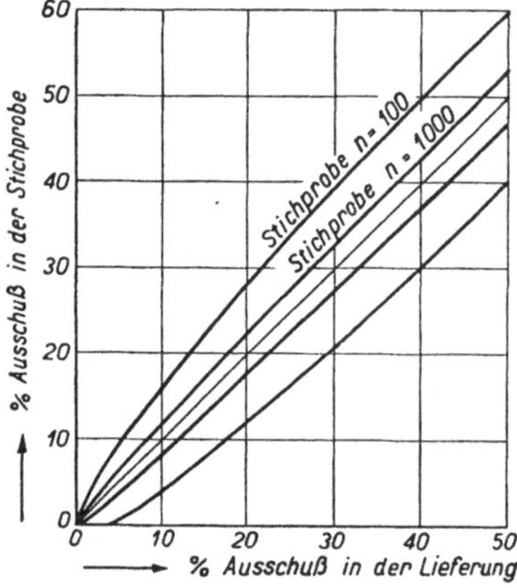

Abb. 11. Zuverlässigkeit der Stichprobenprüfung.

daß die fehlerhaften Teile von dem Mechaniker oder der Arbeiterin im Zusammenbau erkannt und ausgeschieden werden können. Bei der Verwendung der billigen gerollten Schrauben wäre es z. B. unsinnig, die angelieferten Posten 100proz. zu prüfen, um Schrauben ohne Schlitz oder ohne Gewinde, die immer einmal vorkommen, auszusondern. Diese Teile können ja auch bei der nachlässigsten Arbeit in der Montage nicht verwendet werden, und es ist viel billiger, man läßt solche fehlerhaften Schrauben dort herauslegen, als daß man eine teure Prüfung bei Eingang der Lieferung vornimmt. Freilich muß man durch Stichproben-

Tabelle 6. Zuverlässigkeit von Stichprobenprüfungen.

Benennung		Gesamtstückzahl	10proz. Kontrolle		25proz. Kontrolle	
			Stück	Beanstandung in %	Stück	Beanstandung in %
Abtlg. Bohrerei						
VSa. schw. 19	A 4	1700	170	0,6	425	0,5
VSa. ks. 255	A 1	2000	200	1,0	500	0,6
V. bl. 18	F 2	1675	167	—	418	0,7
VSa. sch. 127	A 26	2475	247	0,4	620	1,1
Photo. kika. 1	T 12	431	43	—	108	—
V. bl. 18	F 2	1000	100	0,7	250	1,5
VSa. ks. 268	A 1	1020	102	—	255	—
Es. wss. 1	A 15	105	10	20	26	20
Abtlg. Autom.-Dreherei						
VSa. ks. 10	G 20	660	66	34,9	154	30,2
F. sich. 26	A 3	180	18	11,1	45	8,9
VSa. schw. 21	A 87	3100	310	4,2	770	3,5
VSa. wl. 26	B 8	870	87	12,6	216	9,2
VSa. wl. 26	B 8	860	86	16,3	214	15,4
VSa. schw. 19	A 44	3000	300	15	746	8,4
F. sich. 26	A 3	310	31	6,5	77	6,5
Photo. kino. 1	T 29	760	76	7,9	190	7,9
VSa. rls. 11	B 57	1400	140	3,6	350	3,1

kontrollen immer darüber wachen, daß die Zahl der fehlerhaften Teile wenige Prozent nicht überschreitet; sonst kann der Zeitverlust bei der Zusammenbauarbeit fühlbar in Erscheinung treten, was sofort Schwierigkeiten und Ärger bei der Entlohnung verursacht, da naturgemäß in der vorgegebenen Arbeitszeit nur eine geringere Arbeitsmenge zu bewältigen ist. Noch ernsthafter werden aber die Schwierigkeiten in der Fließfertigung, wo, wenn das Arbeitstempo an einem Platz sich verlangsamt, sofort die ganze Linie ins Stocken kommt und unwirtschaftlich arbeitet. Die Frage, ob es berechtigt ist, neben einer 10proz. auch noch wechselweise eine 25proz. Prüfung anzuwenden, muß auf Grund der Betriebserfahrung verneint werden. Entweder ist in dem betreffenden Fall mit einer Fehllieferung ein großes Risiko verbunden, dann muß man doch, sobald man nur wenige fehlerhafte Teile findet, die ganze Lieferung durchprüfen — man wäre also bei einer 10proz. Stichprobe sicher zur gleichen Notwendigkeit gekommen — oder der Fehler ist nicht so bedeutsam bzw. kann später noch leicht erfaßt werden, dann bekommt man auch durch eine 10proz. Prüfung ein genügend genaues Bild über die Arbeitsgüte. Die Mehrkosten der 25proz. Prüfung gegenüber der 10proz. betragen das zweieinhalbfache, der Gewinn an Sicherheit aber nur die Wurzel aus dem zweieinhalbfachen. Es muß demnach als ausreichend gelten, die drei Prüfarten: Stichprobe, 10proz. und 100proz. Prüfung vorzusehen. Um die Richtigkeit dieser Meinung zu erhärten, wurde eine große Reihe von Einzelteil-Lieferungen zuerst nur zu 10% und danach noch einmal zu 25% durchgeprüft. Aus dem umfangreichen Zahlenmaterial enthält die Tab. 6 einen Ausschnitt. Es zeigt sich, daß die Ergebnisse beider Prüfungen nur ganz selten in größerem Maße voneinander abweichen. Stärkere Abweichungen treten nur dann auf, wenn die Zahl der Prüflinge, absolut genommen, zu klein wird, weil dann schon ein oder zwei Teile auf den Fehlerprozentsatz stark einwirken. In keinem Falle war es aber so, daß die Entscheidung, ob der Posten durchgeliefert werden sollte oder ob eine 100proz. Durchprüfung erfolgen mußte, nach der 10proz. Stichprobe anders ausgefallen wäre als nach der 25proz. Eine Berechtigung hätte also die 25proz. Kontrolle nur bei kleinen Liefermengen, und in diesen Fällen wird man es bei nicht zu langwieriger Prüfung dann meist vorziehen, den ganzen Posten durchzuprüfen. Es ist sicher, daß es kein allgemein gültiges Schema geben kann, aus dem in jedem Falle der erforderliche Prüfprozentsatz zu entnehmen ist, denn die praktische Entscheidung ist durch wirtschaftliche Erwägungen beeinflußt, die in der mathematischen Gleichung gar nicht enthalten sind und auch unmöglich erfaßt werden können. Praktisch ist in jedem Falle abzuwägen, was die höheren Kosten verursacht: die Prüfung größerer Mengen, oder die spätere Beseitigung einiger Fehler, abgesehen natürlich von der in Geld gar nicht abzuschätzenden Einbuße an dem guten Ruf der Fabrikate. Übrigens darf auch nicht übersehen werden: das Wesentliche ist neben der Festlegung des Prüfprozentsatzes vor allem die Entscheidung, was mit einem Posten geschehen soll, wenn man festgestellt hat, daß er in gewissem Umfange fehlerhaft ist. Diese Entscheidung liegt häufig genug beim Meister oder gar beim Prüfer, und beide werden diese Frage auf Grund ihrer Erfahrung beantworten und nicht unter Anwendung irgendwelcher mathematischer Gleichungen.

Ein weiteres Gebiet für die Anwendung von Häufigkeitsbeobachtungen bildet die Aufstellung von Liefer- und Abnahmevorschriften. Nichts ist schlimmer, als wenn Lieferbedingungen nur auf Grund weniger

Prüfergebnisse festgelegt werden, und es ist nur als glücklicher Zufall zu werten, wenn man hierbei das Richtige trifft. Es ist daher zweckmäßig, vor Beginn der eigentlichen Fertigung erst eine ausreichende Menge von Ausfallmustern herzustellen oder von den Zulieferanten vorab anzufordern. Die Entwicklung neuer Apparate geht ja so vor sich, daß zuerst nur einige Handmuster in der Sonderfertigung hergestellt werden, und diese bilden dann den Ausgangspunkt für alle weiteren Festlegungen, wie Toleranzangaben, Wickeldaten von Spulen usw. Eine solche Sonderfertigung liegt nun vielfach zu günstig, denn sie arbeitet stets mit den besten Facharbeitern, die Schwierigkeiten geschickt zu überwinden wissen. Der Preis der Arbeit spielt hier nicht die ausschlaggebende Rolle, und demzufolge ist die Genauigkeit oft größer, als sie später bei wirtschaftlicher Fertigung eingehalten werden kann. Ähnlich liegen die Verhältnisse bei den von auswärts zugelieferten Teilen und Werkstoffen. Auch der Zulieferant nimmt häufig eine Sonderanfertigung vor und kann damit naturgemäß nur seine besten Leute betrauen. Außerdem ist er bestrebt, die späteren großen Aufträge für sich zu gewinnen, und bemüht sich gerade bei den ersten Mustern, seine Wettbewerber zu überbieten. Baut man daher Liefer- und Abnahmevorschriften auf diesen ersten Mustern auf, so kann man später die unangenehme Überraschung erleben, daß die Bedingungen nur von einem Teil der Lieferungen eingehalten werden. Setzt man dann notgedrungen die Forderungen herab, so zieht das allerlei Änderungen in der Fertigung und zuweilen sogar in der Konstruktion nach sich, was Schwierigkeiten, Terminverzögerungen und Mehrkosten im Gefolge hat. Es liegt also keineswegs so, daß der Verbraucher von sich aus ein Interesse daran hätte, dem Zulieferanten möglichst hohe Forderungen aufzubürden, denn er selbst hat unter den auftretenden Lieferschwierigkeiten mindestens ebenso zu leiden wie der Erzeuger selbst, und wenn seine Forderungen so hoch geschraubt sind, daß sie nur unter erhöhtem Kostenaufwand oder bei erhöhter Ausschußquote zu erfüllen sind, so wird er zum Schluß doch diese Kosten in Form einer Preiserhöhung selbst tragen müssen. Es ist daher notwendig, Liefer- und Abnahmebedingungen mit der größten Vorsicht und Sorgfalt aufzustellen, und das Beobachtungsmaterial, auf welches man sich dabei stützt, so groß wie möglich zu wählen. Handelt es sich dabei um Werkstoffe, über die genauere Erfahrungen beim Verbraucher überhaupt noch nicht vorliegen, so ist es ratsam, zunächst nur vorläufige Richtwerte für die Lieferung festzulegen, die dann nach einem Viertel- oder halben Jahr an Hand der inzwischen gewonnenen Abnahmeergebnisse überprüft und gegebenenfalls berichtigt werden. Insbesondere auch beim Erscheinen von DIN-Normblättern wird man sorgfältig vergleichen müssen, wie weit die dort getroffenen Festlegungen sich mit den eigenen Erfahrungen decken und ob man mit den Norm-Qualitäten auskommen kann. Meist ist es ja so, daß bei den großen Industriewerken weit früher Abnahmevorschriften und Werksnormen vorliegen, als es zur Aufstellung eines DIN-Normblattes kommt, und es ist dann besonders schwierig und häufig unmöglich, sich den DIN-Bedingungen anzupassen.

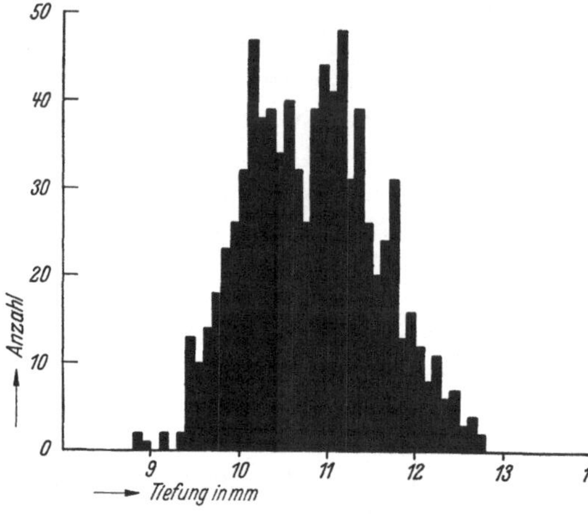

Abb. 12. Tiefungswerte für Flußeisen-Tiefziehblech von 1 mm Stärke.

Beispielsweise kann man, wenn man von jeher Ziehbleche in Millimeterstärken bezogen hat, nicht plötzlich auf die ganz anderen Abstufungen nach der Blechlehre übergehen. Als Beispiel sollen die Untersuchungen angeführt werden, die vorgenommen wurden, um Bedingungen für das in der Feinmechanik in großen Mengen verarbeitete Tiefziehblech festzulegen. Die Tiefzieheigenschaften werden üblicherweise und in guter Übereinstimmung mit den Fertigungsergebnissen durch die Erichsenprobe ermittelt. Es wird ein kugelförmig abgerundeter Stempel in einen durch einen Faltenhalter gehaltenen Blechstreifen eingedrückt und festgestellt, bis zu welcher Tiefe sich der Stempel bis zum ersten Anriß des Bleches eindrücken läßt. Das so gewonnene Gütemaß, das man mit dem Worte „Tiefung" bezeichnet, ist nun von der Blechstärke abhängig, und zwar werden die Tiefungswerte mit abnehmender Blechstärke geringer. Es müssen daher die Beobachtungswerte für jede Blechstärke gesondert gemittelt werden. Abb. 12 zeigt für die Blechstärke von 1 mm eine solche Beobachtungsreihe, die sich natürlich wieder als Häufigkeitskurve darstellt. In gleicher Weise wurde für jede einzelne der verwendeten Blechstärken vorgegangen, und so ein Beobachtungsmaterial von mehr als 3000 Einzelmessungen zusammengetragen. In der Abb. 13 sind die Einzelergebnisse für alle Blechstärken vereinigt und jeweils die Mittelwerte eingezeichnet. Der regelmäßige Verlauf der durch diese Punkte hindurchgelegten Kurve beweist, daß durch die große Zahl der Beobachtungen störende Einzelschwankungen wirksam ausgeschaltet sind, so daß man wirklich mit diesen Werten als sicher einzuhaltenden Mittelwerten rechnen kann. Auch unter Berücksichtigung der nach der Seite der geringeren Tiefung auftretenden Streuwerte findet man eine sichere Einhaltung der in der Liefervorschrift gegebenen Grenzwerte gewährleistet, und mit um so größerer Berechtigung kann man Lieferungen, die etwa diese Grenzen noch unterschreiten, zurückweisen. Besonders von Vorteil sind solche Häufigkeitskurven, wenn zumindest an einen bestimmten Prozentsatz der Lieferungen außergewöhnlich hohe Anforderungen gestellt werden müssen. Man wird dann diese Forde-

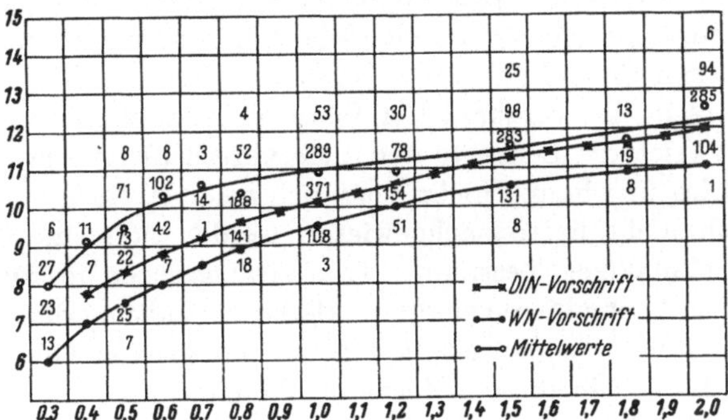

Abb. 13. Erichsen-Prüfung an Flußeisen-Tiefziehblechen (WN-Vorschrift = Werksnorm-Vorschrift).

rungen nicht als Mindestwert überhaupt festlegen, sondern wird für die gesamte Lieferung eine mildere Abnahmevorschrift geben mit der Einschränkung, daß ein bestimmter Bruchteil der Lieferung den höheren Ansprüchen genügen muß. Dies ist eine Art der Festlegung, die man im höchsten Sinne als wirtschaftlich ansehen kann; denn sie vermeidet unnötige Schwierigkeiten und unnötigen Ausschuß. Sie gibt dem Erzeuger die Möglichkeit, auch das unvermeidlich anfallende geringwertigere Material abzusetzen und bewahrt dementsprechend den Verbraucher vor einer ungünstigen Preisstellung.

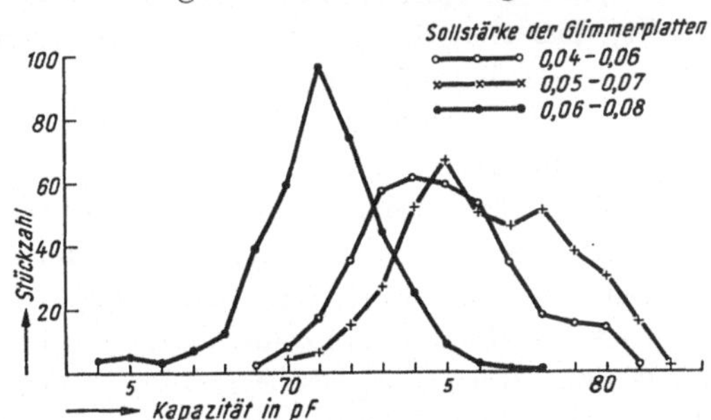

Abb. 14. Kapazitätsmessungen an Silberglimmer.

Beobachtungsreihen ähnlicher Art, wie in Abb. 14 gezeigt, können den Verbraucher auch vor Fehlschlüssen bewahren und seinen Liefervorschriften u. U. ein ganz anderes Gesicht geben. Bei der Lieferung von versilberten Glimmerplatten, die zum Zusammenbau kleiner Kondensatoren in Rundfunkgeräten dienen sollten, war im Anfang unsicher, welche Stärke für den Glimmer vorgeschrieben werden sollte, um die Kapazitätswerte in einem bestimmten Bereich zu erhalten. Eine Messung der Glimmerstärke war wegen der unbekannten Stärke der Silberauflage nicht möglich. Es wurden daher Ausfallmuster solcher

Platten mit einer Glimmerstärke von 0,05 ± 0,01, 0,06 ± 0,01 und 0,07 ± 0,01 mm angefordert. Die Ausmessung dieser Platten bezüglich ihrer Kapazität und die Vereinigung der Werte in Häufigkeitspolygone ergab die Kurven der Abb. 14. Der geringsten Glimmerstärke müßte natürlich der größte Kapazitätswert entsprechen. Dies ist, wie man sieht, ganz und gar nicht der Fall. Die Kurven für 0,05 und 0,06 mm Glimmer decken vielmehr einander, und man erkennt, daß ein Aussuchen des Glimmers in der verabredeten Weise überhaupt nicht erfolgt war. Daraus ergab sich die Lehre, in der Liefervorschrift eine Festlegung der Glimmerstärke überhaupt nicht vorzunehmen, da sie an den fertigen Platten doch nicht hätte nachgewiesen werden können. Es war unbedingt zweckmäßiger, bestimmte Kapazitätsgrenzen festzusetzen, die einwandfrei zu kontrollieren sind, und deren Einhaltung den Lieferanten automatisch zwingt, seinerseits auf genügend genaue Glimmerstärken zu achten. Es soll in diesem Zusammenhange noch einmal auf die in Abb. 9 gezeigte Darstellung des Zusammenhanges zweier verschiedener magnetischer Messungen an Induktormagneten zurückgegriffen werden. Aus dem Vorhandensein eines ziemlich großen Korrelationswinkels mußte geschlossen werden, daß eine befriedigende Übereinstimmung der Messungen im Lieferwerk und beim Abnehmer nicht zu erzielen sein würde, und daß daher bei Lieferungen, die hart an der Abnahmegrenze lagen, Meinungsverschiedenheiten unvermeidlich eintreten müßten. Es war daher klar, daß eine einheitliche Meßmethode unbedingt verlangt werden mußte, und es wurden daher weitere Bestellungen davon abhängig gemacht, daß sich das Lieferwerk eine gleichartige Meßeinrichtung beschaffte, wie sie auch bei der Abnahme des Verbrauchers benutzt wurde.

In all den genannten Beispielen haben sich die getroffenen Maßnahmen durchaus bewährt. Die Erkenntnis konnte aber nur durch entsprechend umfangreiche Häufigkeitsbeobachtungen gewonnen werden; bei Einzelmessungen hätte man wegen der in allen Fällen auftretenden starken Streuungen erheblich irregeführt werden können.

Auch bei der Fertigungsüberwachung im engeren Sinne erweist sich die Großzahlforschung als wertvolle Ergänzung zu den sonst üblichen Methoden. Jedes Fertigungsergebnis ist ja nicht nur eine Folge der geplanten und gesteuerten Arbeitsvorgänge, sondern es wird auch laufend von allerlei Nebenumständen beeinflußt, die entweder nicht beachtet werden, oder die überhaupt verborgen bleiben. Alle diese kleinen und unbedeutenden Nebenumstände wirken bald in der einen, bald in der anderen Richtung auf das Fertigungsteil ein, und so bekommt man zum Schluß nicht genau gleiche Teile, sondern solche, die um eine mittlere Ausführung schwanken. Es ist gerade so wie bei den Kugeln im Galtonschen Brett, die sich bei jedem Stift auf Grund von Zufälligkeiten bald nach rechts und bald nach links wenden. Sind die Nebenumstände in ihrer Einzelwirkung nur klein, so bekommt man in vielen Fällen eine Gaußsche Glockenkurve, in jedem Falle aber eine stetig verlaufende Kurve mit nur einem Maximum und zwei Wendepunkten. Je mehr solcher Nebenumstände vorhanden sind, um so breiter zieht sich die Kurve auseinander, um so größer ist also ihr Streumaß. Diese Überlegungen geben schon einen Fingerzeig, daß es möglich sein muß, durch Häufigkeitsbeobachtungen, die man an derselben Fertigung von Zeit zu Zeit immer wieder anstellt, ihre Gleichmäßigkeit zu kontrollieren. Die Lage des Mittelwertes, die Größe des Streumaßes und vor allem der Verlauf der Kurve sind dabei die zu beachtenden wesentlichen Merkmale. Tritt ein störender Nebeneinfluß stärker auf, so zeigt sich das sofort in einer Verlagerung des Mittelwertes, in der Vergrößerung des Streumaßes und in der Ausbildung eines Buckels in der Verteilungskurve. Bei Einzelbeobachtungen würden solche Störungen der Feststellung leicht entgehen, da ja ein großer Teil der neuen, verlagerten Häufigkeitskurve noch innerhalb des früheren Streubereiches liegen wird.

Ist somit die Großzahlbeobachtung geeignet, das Vorhandensein von Fehlern rechtzeitig und sicher aufzuzeigen, so kann sie weiter auch verwendet werden, um bei auftretendem Ausschuß die Fehlerursache zu ermitteln. Handelt es sich um grobe mechanische Fehler, so wird man die Ursache meist durch logische Rückschlüsse leicht ermitteln können. Das wird um so leichter gelingen, je weniger Ursachen für den Fehler überhaupt in Frage kommen können. Häufig hat man aber zunächst gar keine klare Vorstellung davon, wie der Fehler entstanden sein könnte, und in anderen Fällen wieder erkennt man so viele Faktoren als mögliche Fehlerursache, daß man der Erscheinung ebenso ratlos gegenübersteht. Wenn beispielsweise bei der Herstellung von Spritzguß plötzlich das Auftreten von Rissen und Lunkern an den Teilen beobachtet wird, so kann zunächst die Legierung nicht in Ordnung sein. Nun besteht diese aber meist aus drei oder vier Komponenten. Jede einzelne von ihnen könnte einen unzulässigen Wert angenommen haben. Das wäre zwar in der üblichen Weise leicht nachzuprüfen. Man hat ja eine bestimmte Legierung vorgeschrieben und hat laufend Analysen von dem angelieferten Spritzmetall anfertigen lassen. Man kennt also für die Legierungskomponenten gewisse Grenzen, bei deren Einhaltung jedenfalls bisher keine Fehlfabrikate aufgetreten sind. Liegt nun die neue Analyse wieder in allen Teilen innerhalb dieser Grenzen, so kann man beruhigt sein; liegt aber auch nur eine Komponente außerhalb, so besteht schon der Zweifel, ob die festgestellte Abweichung ohne schädlichen Einfluß ist. Noch schwieriger wird es mit den ungewollten Beimengungen, den Verunreinigungen der Legierung. Hier sind vielfach so genaue Erfahrungen nicht vorhanden; man hat vielleicht auf bestimmte Verunreinigungen bisher überhaupt nicht geachtet, da man sie entweder für belanglos hielt oder ihr Vorhandensein gar nicht ahnte. Dabei ist ja bekannt, daß oft genug ganz geringe Verunreinigungen schon ungeheuren Einfluß haben. Beim Zinkspritzguß stellen z. B. schon Verunreinigungen an Blei von wenig mehr als 0,006 % die Maßbeständigkeit der Teile in Frage. Neben der Legierung können aber noch andere Faktoren für den Fehler verantwortlich sein: die Spritztemperatur, der Spritzdruck, die Formtemperatur, die Zeit bis zum Ausstoßen des fertigen Teils aus der Form, die Lage der Einströmöffnungen usw. Kurzum, es ist eine beinahe unübersehbare Reihe von Einflußmöglichkeiten vorhanden und für viele ist nur ungefähr bekannt, was man als den „Normalfall" anzusehen hat. Die übliche Kausalforschung geht nun so vor, daß man einer der Veränderlichen willkürlich verschiedene Werte gibt und beobachtet, welchen Einfluß diese Veränderung auf das Endergebnis hat. Dabei wird natürlich vorausgesetzt, daß alle übrigen Bedingungen konstant gehalten werden. Das ist aber einmal nicht so leicht durchgeführt wie gefordert, zum anderen muß es notgedrungen unmöglich sein, die Konstanz von Faktoren zu gewährleisten, von deren Vorhandensein man gar nichts weiß. Aber selbst wenn eine solche Konstanthaltung aller Bedingungen möglich wäre, müßte man für jeden Faktor, der als Fehlerursache in Frage kommt, eine ganze Versuchsreihe durchführen. Mindestens vier Versuchsvarianten wären sicher erforderlich, um ein einigermaßen zuverlässiges Bild zu bekommen; das gäbe dann bei fünf möglichen Fehlerursachen — was wirklich nicht zu hoch gegriffen ist — schon 20 Einzelversuche. Unterstellt man aber, daß auch das jeweilige Zusammenwirken der verschiedenen Faktoren von Bedeutung sein kann, so kommt man sogar auf $4^5 = 1024$ Einzelversuche. Man erkennt, daß sich ein solches Verfahren sowohl der Zeit wie auch der Kosten wegen von selbst verbietet. Die Großzahlforschung sieht nun die Sachlage von einem ganz anderen Gesichtswinkel aus an. Sie interessiert sich gar nicht dafür, was wohl im Einzelfall die Ursache für das Endergebnis sein kann, sondern sie schließt so: Wenn der Faktor A einen bestimmenden Einfluß auf das Endergebnis hat, so mag es zwar sein, daß er hier und da von anderen Einflüssen überdeckt oder kompensiert wird; betrachtet man aber eine große Zahl von Einzelfällen, so wird solch eine Verschleierung des Sachverhaltes insgesamt doch nur verhältnismäßig selten vorkommen, und der Einfluß des Faktors A auf das Endergebnis muß tendenzmäßig in Erscheinung treten. Man ändert also an der Fertigung gar nichts; man läßt sie weiterlaufen wie bisher, und sorgt nur dafür, daß zum Schluß an allen Produkten noch festzustellen ist, unter welchen zufälligen Einzelbedingungen sie entstanden sind. Dann ordnet man die Endergebnisse nach den Varianten der Einzelbedingungen und beurteilt danach deren Einfluß. Die Kosten, die durch derartige Großzahlversuche entstehen, sind nicht erheblich. Die beobachteten Teile stellen ja eine normale Fertigung dar, und was sich hernach als brauchbar erweist, kann nach erfolgter Registrierung in üblicher Weise geliefert werden. Zusätzliche Kosten verursacht nur die Ausführung der notwendigen Beobachtungen. Häufig sind aber diese Messungen schon als normale Prüfungen vorgeschrieben, und als einzige zusätzliche Arbeit bleibt dann die Kennzeichnung der Teile.

Wenn im vorstehenden an einer ganzen Reihe von Beispielen die vielseitige Verwendungsmöglichkeit der Großzahlmethode und ihre Vorteile gezeigt wurden, so sollte aber doch nicht der Eindruck erweckt werden, als wenn man nun im Betriebe zweckmäßig immer nach diesem Verfahren arbeiten müßte. Es sind hier doch gewisse Grenzen gezogen, und zwar sowohl durch die Wirtschaftlichkeitsfrage wie auch durch gewisse Schwierigkeiten, die sich der Durchführung solcher Großzahlversuche entgegenstellen.

Die Sonderkosten, die aus der Durchführung eines Großzahlversuches erwachsen, sind zwar, wie oben ausgeführt, im allgemeinen nicht hoch; aber das gilt nur unter der Voraussetzung, daß man die hierzu erforderlichen Arbeiten von Revisoren und Betriebsbeamten ausführen läßt, die bereits im Betriebe beschäftigt sind. Sie machen solche Versuche gewissermaßen „nebenbei“ und müssen ihre tägliche Arbeit trotzdem in üblicher Weise erledigen. Das läßt sich natürlich nur gelegentlich durchführen. Wollte man ein regelrechtes Sonderarbeitsgebiet aus der Großzahlforschung machen, so müßte man sowohl Angestellte wie auch Stundenlöhner dafür zur Verfügung haben, und es ist unwahrscheinlich, daß eine Betriebsleitung die Einstellung von Kräften für diesen alleinigen Zweck bewilligen würde. Ganz besonders gilt dies für den Fall, daß man an eine wesentlich mathematische Auswertung der Ergebnisse denkt. Betriebsingenieure mit einer ausgesprochenen Sonderbegabung für Mathematik sind selten. Kein Betrieb wird sich aber einen Mathematiker eigens für die Anwendung der Wahrscheinlichkeitsrechnung auf die Fertigungsvorgänge halten. Nur wenn ein Betrieb in Entwicklunsstellen, Laboratorien oder eigenen Forschungsabteilungen über geschulte Mathematiker und Physiker verfügt, wird sich die Möglichkeit bieten, ihre theoretischen Kenntnisse auch einmal dem Betrieb nutzbar zu machen. Andererseits würde der reine Theoretiker allein auch wieder recht hilflos sein, denn es gehört doch das geschulte Auge und das praktische Gefühl des Betriebsmannes dazu, um dem Theoretiker erst das Material zu übermitteln, auf das er seine Rechnungsansätze stützen kann. Für Großzahlbetrachtungen in der vorstehend geschilderten Weise wird man schon eher in den Betrieben geeignete Leute finden, denn die graphische Darstellung ist jedem Ingenieur so geläufig, daß ihm das Schreiben und Lesen in dieser Sprache nicht viel Mühe bereitet.

Sicher ist weiter, daß sich die Anwendung von Großzahlbeobachtungen nur in solchen Fällen lohnt, wo eine wirkliche Massenfertigung vorliegt, und wo mit Sicherheit darauf gerechnet werden kann, daß die Fertigung auf lange Sicht keine grundsätzliche Änderung erfahren wird. Betriebe, die nur wenige, oder doch nicht erheblich voneinander abweichende Fabrikate herstellen, werden sich besser für diese Art von Untersuchungen eignen, als solche, in denen eine Fülle ganz verschiedenartiger Fabrikate hergestellt wird. Deshalb wird im feinmechanischen Apparatebau vorzugsweise in der Teilefertigung das Anwendungsgebiet für die Großzahlforschung liegen, und hier wieder auch nur in den großen Werken mit ausgesprochener Massenfabrikation. Großzahluntersuchungen erfordern immer eine gewisse Zeit, und man muß wohl darauf achten, daß nicht mit der Untersuchung zugleich auch die Fertigung beendet ist.

Mit die größte Schwierigkeit bereitet aber dem Großzahlversuch die Kennzeichnung der untersuchten Teile im Betriebe. Eine direkte Bezeichnung der Einzelteile ist in der Massenfertigung oft unmöglich, und jeder Betriebsmann weiß, wie schwierig es ist, einen bestimmten Posten ausgewählter Teile glücklich durch eine Reihe von Werkstätten hindurchzubringen, ohne daß sie plötzlich in dem breiten Strom der Fertigung spurlos untergetaucht sind.

Ein Für und ein Wider gibt es schließlich bei allen Dingen und das weiß gerade der Ingenieur sehr genau, dessen Tätigkeit ja ein stetes Ausgleichen widerstreitender Bedingungen ist. Es sollte darum auch die Großzahlforschung nicht als ein Allheilmittel gepriesen, sondern nur gezeigt werden, daß man sie im Betriebe an vielen Stellen recht nutzbringend verwenden kann.

Wahrscheinlichkeiten und Schwankungen im Fernsprechverkehr.

Von **F. Lubberger**, Berlin.

Die Betrachtung der Wirtschaftlichkeit der Fernsprechanlagen setzt die Kenntnis der Zahl der Geräte und Leitungen voraus. Der Fernsprechverkehr ist eine sehr stark schwankende Erscheinung. Durch Messungen hat man Unterlagen für die wichtigsten Aufgaben aufgestellt, aber die Messungen sind sehr teuer und zeitraubend. Ferner werden die Anforderungen immer größer, so daß die Messungen durch theoretisch gefundene Werte ergänzt werden müssen. Auf einzelnen Gebieten liegen die Theorien vor den Messungen.

Die wirtschaftlich wichtigste Aufgabe ist die Berechnung der Anzahl nötiger Geräte und Leitungen (Wählerberechnung), die durch Messungen bis zu einer gewissen Grenze (5% Verlust) geklärt sind. Diese Messungen bieten den Vorteil, daß die Übereinstimmung von Theorie und Erfahrung geprüft werden kann.

Abb. 15 stellt den typischen Ortsverkehr einer Gruppe von etwa 400 Teilnehmern dar. Es ist ein Streifen eines registrierenden Amperemeters. 10 ... 11 Uhr ist eine Stunde Meßzeit, 0 ... 30 ist die Anzahl gleichzeitig bestehender Verbindungen.

Wenn man für diesen Verkehr 25 Wege vorsieht, kann jeder Versuch sofort erledigt werden. Angenommen, man gebe der Gruppe nur 20 Wege. Dann gehen die Versuche oberhalb 20 gleichzeitiger Gespräche entweder verloren, das sind die „Verluste", d. h. die Teilnehmer müssen den Hörer aufhängen und später wieder versuchen. Oder die Versuche müssen auf das Freiwerden von Wegen warten. Das sind die „Wartezeiten". Die Verluste und Wartezeiten bestimmen die „Betriebsgüte", d.h. die Zufriedenheit der Teilnehmer mit dem gebotenen Dienst. Die Betriebsgüte ist eine wirtschaftlich sehr wichtige Zahl.

Ein Betrieb ist gut, wenn in der Hauptverkehrsstunde 80% aller Versuche, Verbindungen herzustellen, zu Gesprächen führen, etwa 8% der Versuche auf schon sprechende Teilnehmer treffen, 5 ... 6% nicht beantwortet werden (Teilnehmer abwesend), etwa 2% unvollständig bleiben, weil die Teilnehmer falsch wählen. Der Rest der erfolglosen Versuche entfällt dann auf den „Mangel an Sprechwegen". Die Versager infolge von Störungen sind in den bekannten Wählersystemen so klein, daß sie bei der Aufzählung für die Betriebsgüte fehlen können.

Die „Schwankungen" des Verkehrs kann man nun durch „statistische Gesetze" (aus der Erfahrung abgeleitet) oder durch „mathematische Gesetze" (mit Wahrscheinlichkeiten berechnet) erfassen.

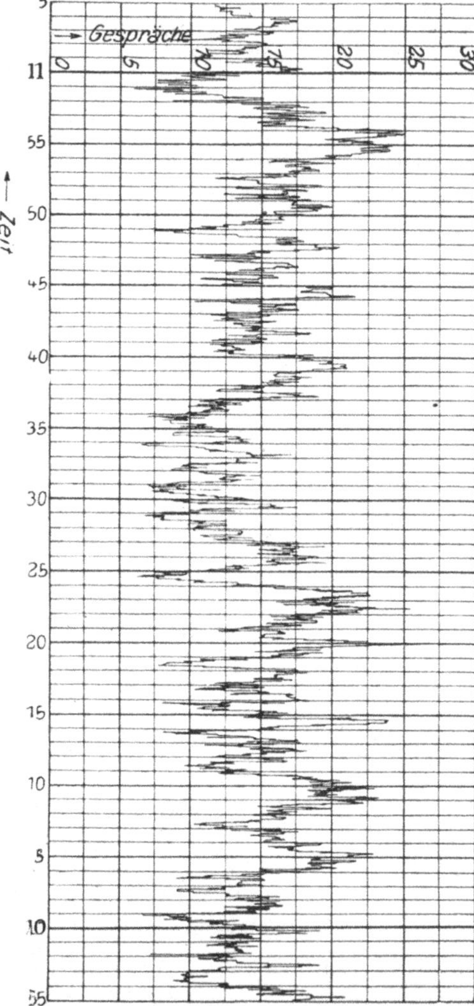

Abb. 15. Ort-Fernsprechverkehr von 400 Teilnehmern.

Der Verkehr wird durch drei Größen erfaßt:

s die Zahl der Teilnehmer (genauer: Anzahl der „Quellen"),

c die Zahl der Belegungen (Gespräche, Besetztmeldungen, keine Antwort, Versager aller Art, Prüfungen usw.), bezogen auf eine Quelle,

t die Belegungsdauer.

Der Einfluß der Teilnehmerzahl *s* zeigt sich darin, daß „Vielsprecher" weniger Verkehrsspitzen erzeugen als „Wenigsprecher", weil ja die Gespräche eines Vielsprechers nacheinander ablaufen, also sich nicht zu einer Spitze aufbauen können. Diese Erscheinung ist theoretisch geklärt.

Der Einfluß von *c* und *t* liegt darin, daß der Verkehr um so größer ist, je größer diese Werte sind. In der gesamten Fernsprechtechnik benutzt man nun das Produkt *ct* als „Einheit", darin ist stets *c* abgekürzt für $s \cdot c$ einzusetzen. Wenn man *t* in Stunden ausdrückt ($t = {}^1/_{40}$ Stunde für $t = 1{,}5$ Minuten), so hat *ct* einen Stundenwert und $ct = 1$ wird als eine Belegungsstunde bezeichnet.

Der Verkehr der Abb. 15 ist also so zu beschreiben: $s = 400$ Teilnehmer, Verkehr $= 13{,}5$ Belegungsstunden ($ct = 13{,}5$ Belegungsstunden).

Schon hier tritt eine Frage auf: $ct = 2$ Stunden (oder 120 Belegungsminuten) können entstehen durch

$$\begin{array}{llll} c = & 120 & 60 & 30 \\ t = & 1' & 2' & 4'. \end{array}$$

Haben die Einzelgrößen c und t keinen Einfluß auf die Spitzenbildung, ist es genau richtig, nur das Produkt ct zu verwenden? Die Einzelgrößen haben tatsächlich einen Einfluß, was theoretisch geklärt ist.

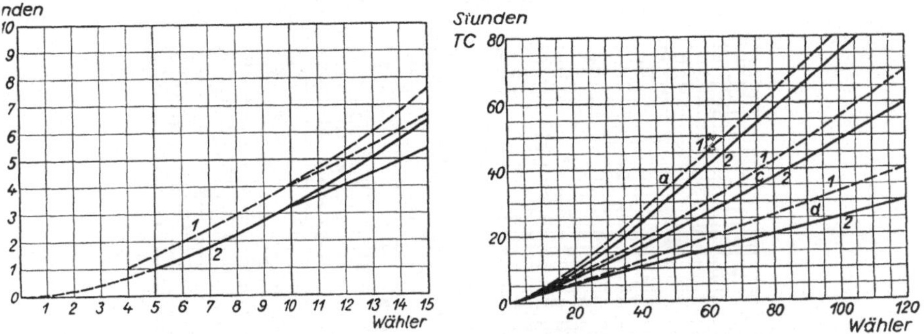

Abb. 16 und 17. Leistungen und Verluste für Verbindungsleitungen nach M. Langer.

Die statistischen Gesetze für den Zusammenhang von Verkehr und Betriebsgüte sind für die Verluste in den Schaulinien 16, 17 enthalten, die Max Langer aus zahlreichen Messungen abgeleitet hat, z.B. bei einem Verkehr von 45 Belegungsstunden auf 60 Leitungen ist der Verlust 1%, d. h. 45 Stunden $= 2700$ Minuten. Wenn $t = 1{,}5'$ ist, so ist $c = 1800$ Belegungen, Verlust 18 Versuche, die zu den 1800 Belegungen dazukommen, das Angebot ist also 1818 Versuche.

Für den Zusammenhang von Verkehr und Wartezeiten gibt es noch keine ausreichenden Messungen. Man findet wohl einzelne Angaben, die aber stets nur für bestimmte Verhältnisse gelten. In der vorliegenden Arbeit wird ein Anfang einer Theorie für Wartezeiten erläutert werden.

Die verschiedenen Verwaltungen schreiben sehr verschiedenartige Betriebsgüten vor, die in dieser Arbeit grundsätzlich verglichen werden. Zu bemerken ist, daß für „Systeme mit Wartezeiten" die Vorschriften der „Systeme mit Verlusten" vorgeschrieben werden, obwohl das falsch ist. Im nachfolgenden wird diese Frage ebenfalls behandelt.

Grundlagen der theoretischen Behandlung.

Es gibt eine Reihe von „elementaren" Gesetzen, die gewissermaßen das Einmaleins der theoretischen Betrachtungen darstellen. Diese Grundgesetze sind in einem Buch: Kurt Winkelmann, Theoretische Berechnung der Wähler- und Leitungszahlen in Fernsprechanlagen, Verlag Franz Westphal (Wolfshagen-Scharbeutz), abgeleitet, so daß hier die Erläuterungen kurzgefaßt werden können.

Als Mittelwert der schwankenden Erscheinung „Fernsprechverkehr" benutzen alle Theorien den *ct*-Wert. Auch hier taucht die Frage auf, weshalb gerade eine „Stunde" genommen wird, nicht etwa eine Hauptverkehrs-Halbestunde. Auch das ist theoretisch untersucht, aber die Frage ist noch offen, weshalb sie hier nicht weiter verfolgt wird.

Ableitung der ersten Grundgleichung.

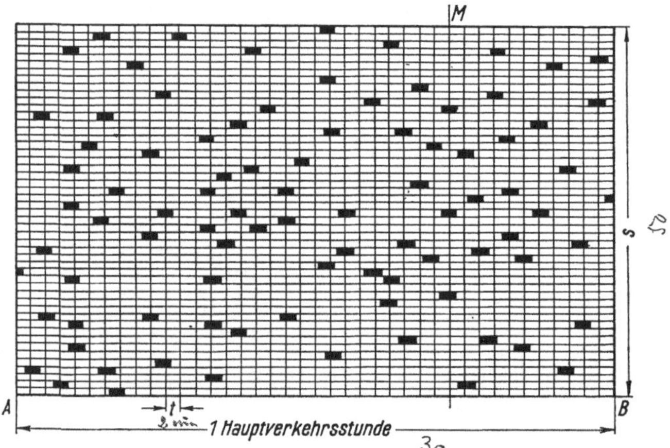

Abb. 18. Gleichzeitigkeit im Fernsprechverkehr.

Abb. 18 stellt den Verkehr für $s = 50$ Teilnehmer, $c = 60$ Belegungen und $t = {}^1/_{30}$ Stunde dar. Für den ersten mathematischen Ansatz nehmen wir (nicht der Wirklichkeit entsprechend) an, daß alle Belegungen 2′ dauern. Die schwarzen Blöcke seien Belichtungen. Man macht in der Stunde 36 000 Kinobildchen und fragt nach der Zahl der Bildchen mit 0, 1, 2, 3 ... brennenden Lämpchen. *M* ist ein Kinobildchen. Die Zahl der günstigen Fälle ist folgende, z.B. für 4 Lämpchen auf dem Bildchen *M*: aus den 50 Teilnehmern kann man auf $\binom{50}{4} = \binom{s}{x}$ Arten 4 Sprecher auswählen. Die übrigen $60 - 4 = 56 = c - x$ Belegungen dürfen den Strich *M* nicht schneiden. Im ganzen sind es $50 \cdot 30 = \frac{s}{t} = 1500$ Einfallmöglichkeiten. Die 50 „Kästchen" gerade vor *M* sind aber für die restlichen $c - x = 56$ Belegungen „verboten", weil sie sonst den Strich *M* schneiden würden. Also können sich die 56 Belegungen auf 1450 Kästchen auf $\binom{1450}{56} = \binom{s/t - s}{c - x}$ Arten verteilen. Möglich sind $\binom{1500}{60} = \binom{s/t}{c}$ Arten der Verteilung der Belegungen über die Meßstunde.

Also

$$(1) \qquad w = \frac{\binom{s}{x}\binom{s/t-s}{c-x}}{\binom{s/t}{c}}\,; \qquad w_4 = \frac{\binom{50}{4}\binom{1450}{56}}{\binom{1500}{60}} = 0{,}0902\,.$$

Die Gl. (1) kann mit dem Rechenschieber berechnet werden.

Die Wahrscheinlichkeit $w_4 = 0{,}0902$ sagt dem Techniker nichts. Es sind aber 36000 Kinobildchen, also $0{,}0902 \cdot 36000 = 3250$ Bildchen mit 4 Lämpchen, oder 325 Sekunden lang findet man genau 4 Belegungen gleichzeitig. Die Durchrechnung ergibt:

Tabelle A.

Gleichung	I	II	VI	
$w_0 = 0{,}1298$	= 467 Sekunden	467″	489″	
$w_1 = 0{,}2700$	= 971 „	973″	974″	für
$w_2 = 0{,}2760$	= 992 „	993″	974″	$s = 50$
$w_3 = 0{,}1850$	= 666 „	651″	648″	
$w_4 = 0{,}0902$	= 325 Sekunden	324″	324″	$c = 60$
$w_5 = 0{,}0336$	= 121 „	136″	130″	
$w_6 = 0{,}0108$	= 39 „	42″	43″	$t = 1/_{30}$ Stunde
$w_7 = 0{,}00283$	= 10,2 Sekunden	11,05″	12,4″	$y = ct = 2$ Stunden
$w_8 = 0{,}00062$	= 2,26 „	2,47″	3,1′	
$w_9 = 0{,}00012$	= 0,33 „	0,49″	0,68″	
$w_{10} = 0{,}00002$	= 0,07 „	0,08″	0,14″	
0,9993	3593,86 Sekunden (sollte 3600 sein)			

Die Sekundenzahlen stimmen nicht genau mit Meßwerten, weil die Annahme (t genau $= 2'$) nicht zutrifft. Die Spitze 992″ ist etwas hoch und die Ausläufer w_7 usw. sind zu niedrig. Aber abgesehen von den kleinen Ungenauigkeiten benimmt sich der Fernsprechverkehr nach dieser Verteilung.

Wir wollen nun die zu scharfen Vorschriften s, c, t ausmerzen. Dazu lassen wir das Band der Abb. 18 nach rechts und links sehr lang werden. s bleibt 50; c wird sehr groß ($c \to \infty$) und t (t ist das Verhältnis der Belegungsdauer zur Beobachtungszeit) wird klein ($t \to 0$), aber ct bleibt Konstant $= y = 2$ Belegungsstunden. Setzt man in Gl. (1) $c \to \infty$, $t \to 0$, so erhält man

$$(2) \qquad w_x = \binom{s}{x}\left(\frac{ct}{s}\right)^x \left(1 - \frac{ct}{s}\right)^{c-x} = \binom{s}{x} z^x (1-z)^{s-x} \qquad \text{(Bernouilli)},$$

wenn man mit $\frac{ct}{s} = z$ die mittlere Belegungszeit je Teilnehmer benennt. Die Einzelwerte c und t sind ausgemerzt.

In der Tab. A sind unter II die Werte $w_0 \ldots w_{10}$ ausgerechnet.

Die Gl. (2) gibt Auskunft über den Verkehr von Vielsprechern. Es seien nur 5 Teilnehmer, die zusammen 60 Gespräche von $t = 2'$, also auch 2 Belegungsstunden, erzeugen. $z = \frac{2}{5} = 0{,}4$. Man erhält

$$w_5 = \binom{50}{5}\, 0{,}4^5\; 0{,}6^{45}\,.$$

Tabelle B.

				$\Sigma x\, w_x$
w_0	$= 0{,}07777$	$= 280''$	mal 0	$= 0''$
w_1	$= 0{,}2591$	$= 932''$	,, 1	$= 932''$
w_2	$= 0{,}3460$	$= 1246''$	,, 2	$= 2492''$
w_3	$= 0{,}2305$	$= 828''$	,, 3	$= 2484''$
w_4	$= 0{,}0766$	$= 278''$	,, 4	$= 1112''$
w_5	$= 0{,}0102$	$= 36''$	,, 5	$= 180''$
w_6	$= 0$			
w_7	$= 0$			
	1,0001	3600''		7200''

Für $y = 2$ Stunden müßte man nach Tab. A 7 Leitungen für $1^0/_{00}$ Verlust vorsehen. 5 Teilnehmer können aber nie 7 Leitungen belegen. Vielsprecher erlauben also ein Einsparen von Leitungen.

Mathematische Erwartung $= \Sigma x w_x$. Nach Tab. B bestehen 1246'' lang 2 Verbindungen. Das sind 2492''. Führt man die Rechnung durch, erhält man die verlangten 7200'' = 2 Belegungsstunden.

Wenn man in Gl. (1) $s \to \infty$ gehen läßt, aber c und t endlich hält, bekommt man

$$w_x = \binom{c}{x}\, t^x\, (1 - t)^{c-x}\,. \tag{3}$$

Diese Gleichung gestattet, bei großer Teilnehmerzahl den Einzeleinfluß von c und t zu berechnen. $ct = 2$ Stunden $= 120'$, kann sich zusammensetzen aus z.B.

	$c = 60;\ t = 2'$ oder	$c = 6;\ t = 20'$ oder	$c = 600;\ t = 0{,}2'$
7 Leitungen belegt	11,05''	0''	12,6''

d.h. Langsprecher erlauben ein Einsparen von Leitungen.

Für spätere Entwicklungen brauchen wir die Wahrscheinlichkeit für das Einfallen einer Belegung im Augenblick dt

$$w_{dt} = \binom{c}{1}\, dt^1 (1 - dt)^{c-1}.$$

Da $1 - dt = 1$ gesetzt werden kann, erhält man die Wahrscheinlichkeit für das Einfallen einer Belegung im Augenblick dt bei einem Angebot von c Belegungen:

$$w_x = c \cdot dt\,. \tag{4}$$

Man kann weiterhin aus Gl. (2) noch z ausmerzen. Setze in Gl. (2) $s \to \infty$. Man erhält

$$w_x = e^{-y} \frac{y^x}{x!} \qquad \text{(Poisson)} \tag{5}$$

$y = ct$ Belegungsstunden (y benützt zur Vereinfachung der Gleichungen),

$e = 2{,}71828\ldots$

In der Gl. 5 ist nur noch die Belastung y enthalten.

Die Poissonsche Gleichung kann sehr oft gebraucht werden; z. B. die mittlere Batterieleistung eines Amtes sei 50 Ah/Stunde. Nun ist

$$\sum_{x=74}^{x=\infty} e^{-50} \frac{50^x}{x!} \approx 0{,}001,$$

d.h. in einer Stunde werden 74 Ah 3,6″ lang überschritten.

Die Gleichung von Erlang spielt eine sehr große Rolle in den Vorschriften vieler Verwaltungen. Zu ihrer Ableitung ist aber noch die Wahrscheinlichkeit aufzustellen für das Ende einer Belegung im Augenblick dt, wenn c Belegungen bestehen.

Das e^{-u}-Gesetz. In Abb. 19 bedeutet c die Belegungszahl. p ist ein Prozentsatz. cdp-Belegungen dauern genau t Stunden. t_m ist die mittlere Dauer. Setze zur Bequemlichkeit $\frac{t}{t_m} = u$ oder $t = ut_m$. Dann ist $ct_m\, udp$ der Beitrag zur Belastung y, der von der cdp-Belegung mit genau t Stunden geliefert wird. Es wird

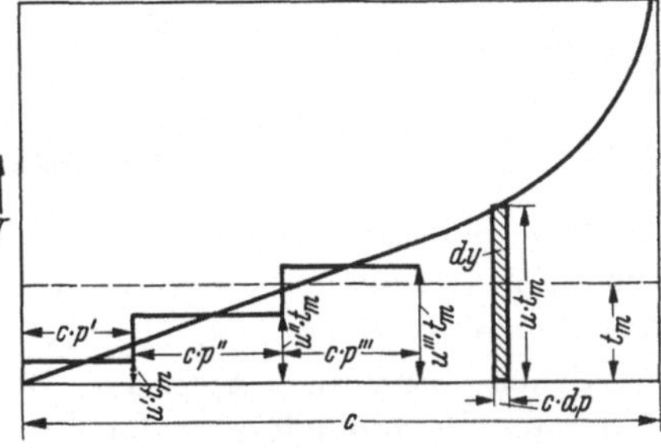

Abb. 19. Verteilung der Belegungsdauern.

$$\int_{p=0\%}^{p=100\%} c \cdot u\, t_m\, dp = y; \text{ da } c\, t_m = y \text{ ist, wird}$$

$$\int_{p=0\%}^{p=100\%} u \cdot dp = 1. \quad \text{Setze } \frac{dp}{du} = \varphi(u)\,.$$

Für $p = 0$ wird $u = 0$ und für $p = 100\%$ wird u sehr groß, also

$$\int_0^\infty u\varphi(u)\,du = 1\,.$$

Das wird von vielen Funktionen $\varphi(u)$ erfüllt.

Ferner ist

$$\int_{p=0\%}^{p=100\%} c\,dp = c \quad \text{oder}$$

$$\int_0^\infty \varphi(u)\,du = 1\,.$$

Tabelle C für e^{-u}.

u	$1-e^{-u}$ nnerhalb	e^{-u} außerhalb
0,1	0,095	0,905
0,3	0,259	0,741
0,5	0,393	0,607
1	0,632	0,378
3	0,951	0,049
5	0,993	0,007
10	0,9999	0,0001

Annahme: $t = 2'$, also $u = 1$, dann dauern 37,8% aller Verbindungen länger als 2′

Beide Integrale werden erfüllt durch $\varphi(u) = e^{-u}$

$e = 2{,}71828.$

Diese Zahlen stimmen mit der Erfahrung gut überein.

Die Wahrscheinlichkeit, daß beim Bestehen von c-Verbindungen eine Verbindung im Augenblick dt endet, ist:

Prozentsatz der Verbindungen, die länger dauern als t ist $e^{-\frac{t}{t_m}}$,

Prozentsatz der Verbindungen, die länger dauern als $t + dt$ ist $e^{-\frac{t+dt}{t_m}}$,

also
$$w_{dt\,\text{Ende}} = \frac{e^{-\frac{dt}{t_m}} - e^{-\frac{t+dt}{t_m}}}{e^{-\frac{dt}{t_m}}} = 1 - e^{-\frac{dt}{t_m}}.$$

Da nun $e^{-x} = 1 - \frac{x}{1} + \frac{x^2}{2!} - \cdots$,

wird
$$w_{dt,\,\text{Ende}} = c \cdot \frac{dt}{t_m}.$$

Die Gleichung von A. K. Erlang (ETZ 1918 S. 504) kann am anschaulichsten mit dem Verfahren des Statistischen Gleichgewichtes abgeleitet werden, dessen Inhalt am besten zu verstehen ist mit dem Ausdruck „Zufluß = Abfluß". Der Fernsprechverkehr benimmt sich fast genau nach den Zahlen der Tab. A. Soll der Zustand „2 Belegungen" (992 s) nicht dauernd größer oder kleiner werden, so darf auch z. B. der Teilzustand „2 Belegungen" (992 s) nicht dauernd größer oder kleiner werden. Da nun der Zustand „2" zu 3 oder 1 übergehen kann und andererseits aus den Zuständen 1 oder 3 entsteht, so verlangt das statistische Gleichgewicht, daß die Zuflüsse = Abflüsse sein müssen. In der Tab. D ist dt ein Zeitelement, in dem nur eine Zustandsänderung auftreten kann.

Tabelle D.

	Vorheriger Zustand	dt	Gewünschter Zustand
		Zufluß	
1	$x+1$	$x+1 \rightarrow x$	x d.h. eine Belegung endet
2	x	bleibt	x
3	$x-1$	$x-1 \rightarrow x$	x d.h. eine Belegung kommt dazu
		Abfluß	
4	x	$x \rightarrow x+1$	der Zustand x ist beendet
5	x	bleibt	x
6	x	$x \rightarrow x-1$	der Zustand x ist beendet

Nun handelt es sich darum, dafür die Wahrscheinlichkeit aufzustellen. p_x ist die vorläufig unbekannte Wahrscheinlichkeit für den Zustand x. t_m ist die Belegungsdauer.

Zu 1. Es muß sowohl der Zustand $x + 1$ mit der Wahrscheinlichkeit p_{x+1} bestehen, als eine der $x + 1$ bestehenden Belegungen verschwinden.

Die Wahrscheinlichkeit dieses Zuflusses ist also:

$$p_{x+1}(x+1)\frac{dt}{t_m}.$$

Zu 2. Keine Zustandsänderung.

Zu 3. x—1-Verbindungen bestehen mit der W. $= p_{x-1}$.
Da c Belegungen angeboten sind, fällt mit der W. $= c\,dt$ eine dieser c Belegungen in dt ein. Also W. des Zuflusses $= p_{x-1}\,c\cdot dt$.

Zu 4. W. des Einfalles einer Belegung $p_x \cdot c\,dt$.

Zu 5. Keine Änderung.

Zu 6. $p_x \cdot x \cdot \frac{dt}{t_m}$.

Nun schreibt man die W. für die Zuflüsse und Abflüsse der verschiedenen Zustände an, wobei v die Zahl der Sprechwege ist:

Zustand	Zufluß = Abfluß
0	$p_1\,1\,\frac{dt}{t_m} = p_0 c\,dt$ also $p_1 = p_0\frac{c\,t_m}{1} = p_0\frac{y}{1}$
1	$p_2\,2\,\frac{dt}{t_m} + p_0\,c\,dt = p_1 c\,dt + p_1\,1\,\frac{dt}{t_m}$ also $p_2 = p_1\cdot\frac{y}{2} = p_0\cdot\frac{y^2}{2!}$

usw.

Nun muß sein: $p_0 + p_1 + \cdots p_v = 1$, also

$$p_0 = \frac{1}{\sum\limits_{r=0}^{r=v}\frac{y^r}{r!}} \quad \text{und}$$

$$p_x = \frac{\frac{y^x}{x!}}{\sum\limits_{r=0}^{r=v}\frac{y^r}{r!}} \tag{6}$$ (Erlang)

oder für die Rechnung bequemer

$$p_x = \frac{e^{-y}\frac{y^x}{x!}}{\sum\limits_{r=0}^{r=v} e^{-y}\frac{y^r}{r!}}.$$

Andere Ableitung der Erlangschen Gleichung. Das „Theorem von Bayes" sagt: Wenn eine Erscheinung nur ganz bestimmte Formen mit den W. $w_0, w_1, \cdots, w_v$ annehmen kann, so hat die Form 5 die

$$\text{W.} = \frac{w_5}{\sum\limits_{r=0}^{r=v} w_r}.$$

Da die „Formen" die Gleichzeitigkeiten $0, 1, \cdots, v$ bedeuten mit den W.

$e^{-y}\frac{y^x}{x!}$, so sieht man, daß die Erlangsche Gleichung mit Hilfe des Satzes von Bayes ohne weiteres angeschrieben werden kann. Aber die Ableitung mit dem stat. Gleichgewicht zeigt eine Schwäche der Erlangschen Gleichung. Es seien c-Belegungen angeboten. Der Zustand x soll nach $x+1$ übergehen. Es ist falsch zu sagen, die W. der Änderung sei $p_x \cdot c\,dt$, sondern sie ist nur $p_x(c-x)\,dt$; denn es kann keine der schon bestehenden x Verbindungen im Augenblick dt einfallen. Die genauere Gleichung ist dann

$$w_x = \frac{\binom{c}{x} t}{\sum\limits_{r=0}^{r=v} \binom{c}{r} t^r}.$$

Diese genaue Gleichung ist bisher noch nicht angewandt worden.

Alle bisher abgeleiteten elementaren Gleichungen sind in „Winkelmann" ausführlicher behandelt.

Vorschriften in verschiedenen Ländern.

Deutschland: Die Messungen von Max Langer (ETZ 1924, Heft 11: Verluste, vollkommene und unvollkommene Bündel) werden von der Deutschen Reichspost angewandt.

England: G. S. Berkeley: Traffic and Trunking Principles. London: Ernest Benn. Betriebsgüte in jeder Schaltstufe 2‰ nach Erlang berechnet.

Frankreich: M. Ch. Petit: Cours de Téléphonie Automatique. Paris: Eyerolles.

$$\text{Betriebsgüte} = \sum_{x=v+1}^{x=\infty} e^{-y}\frac{y^x}{x!},$$

worin v = Anzahl der Sprechwege im vollkommenen Bündel.

Vereinigte Staaten: Molina: Bell System Technical Journal 1922, S. 69.

$$\text{Betriebsgüte} = \sum_{x=v}^{x=\infty} e^{-y}\frac{y^x}{x!},$$

worin v = Anzahl der Leitungen.

Dänemark: P. V. Christensen: ETZ 1913, S. 1314.

v = Leitungszahl = $y + k\sqrt{y}$.

$\sqrt{y}$ ist die mittlere Abweichung der Poisson-Verteilung.

k berechnet aus

$$\sum_{x=v}^{x=\infty} e^{-y}\frac{y^x}{x!},$$

so daß diese Summe = 0,001; 0,002 usw. wird. Christensen ist also gleich Molina.

Nur die deutsche Auffassung der Betriebsgüte fußt auf Verlusten. Alle anderen bedeuten gewisse Summen von Wahrscheinlichkeiten. Die deutsche Auffassung hat den Vorteil, daß sie, etwa für Nachprüfung einer Gewährleistung, geprüft werden kann, während die Summe von Wahrscheinlichkeiten für nicht vorhandene Zustände nicht geprüft werden kann. Als Maßstäbe für die Betriebsgüte sind naturgemäß alle Vorschriften brauchbar, nur muß man in Lastenheften und Angeboten genau das Rechnungsverfahren angeben.

Die Verlustziffer. Unter „Gefahrzeit“ ($p_v \cdot 1$ Stunde, oder etwas abgekürzt: p_v) versteht man die Zeit, während welcher alle v Leitungen belegt sind. Wenn in dieser Zeit neue Belegungen einfallen, gehen sie verloren.

Das Angebot sei c Belegungen, p_v sei die Gefahrzeit. Dann ist

$$q_x = \binom{c}{x} p_v^x (1 - p_v)^{c-x}$$

die Wahrscheinlichkeit, daß x Belegungen in den Abschnitt p_v fallen. Die mathematische Erwartung ist $\sum_{x=0}^{x=c-v} x\, q_x$. Diese Summe wird $C \cdot p_v$, d.h. 100mal Gefahrzeit ist der Verlustprozentsatz.

Große Verluste. Die Langerschen Linien gehen nur bis 5% Verlust. Rudolf Steinig hat (1935)[1] die Theorie für Verluste durch den Satz erfolgreich gestaltet: „Eine freie Leitung nimmt immer eine ihr angebotene Belegung an, und eine belegte Leitung kümmert sich nicht um das Schicksal der Verbindungen, die während ihres Belegtseins einfallen“, d.h. das Angebot geht zunächst auf die vorhandenen Leitungen, der Rest kann sich auf nachfolgenden, nur theoretisch vorhandenen Leitungen festsetzen, ohne dadurch die Leistungen vorn zu ändern. Man rechnet also z.B. so: $v = 10$ Leitungen; Angebot $y = 20$ Stunden. Nach Steinig gerechnet wird $p_v = 0{,}538$. Der Verlust ist $0{,}538 \cdot 20$ Stunden $= 10{,}76$ Stunden. Die Leistung ist $20 - 10{,}76 = 9{,}24$ Stunden. Man kann nun den Verlust auf das Angebot oder auf die Leistung beziehen und die Verlustziffer V wird

$$V_{\text{Angebot}} = \frac{10{,}76}{20} = 53{,}8\,\%,$$

$$V_{\text{Leistung}} = \frac{10{,}76}{10} = 107{,}6\,\%,$$ das ist die übliche Darstellung.

Die so berechneten Verlustziffern stimmen auffallend genau mit den Messungen überein.

[1] Fortschritte der Fernsprechtechnik, Heft 16, herausgegeben von Siemens & Halske.

Wartezeiten.

Zur Berechnung der Wartezeiten dient das statistische Gleichgewicht für zwei Felder. In der Abb. 20 kommt das Angebot von links auf das Sprechfeld. Die Verbindungen können beliebig mit Stöpseln oder Wählern hergestellt werden. Wenn kein Sprechweg frei ist, muß das Angebot auf das Freiwerden eines Sprechweges warten. Es liegen nun z Versuche im Wartefeld mit der unbekannten W. $= q_z$, und es liegen x Verbindungen im Sprechfeld mit der W. $= p_x$ (ist bekannt). Die Tab. E zeigt nun die Zustandsänderungen als Grundlage der Aufstellung der Gleichungen für das statistische Gleichgewicht.

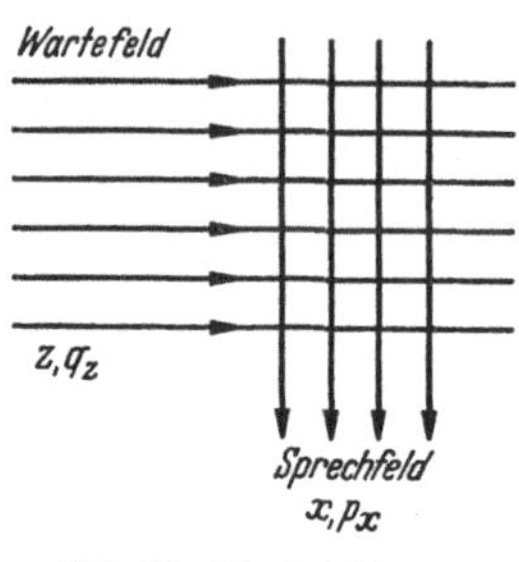

Abb. 20. Wartefeld und Sprechfeld.

Tabelle E.

	dt	Bewertung	Gewünschter Zustand
	Zufluß		
1 $p_{x+1}\, q_{z+1}$	mit 1 Zustandsänderung nicht möglich	0	
2 $p_x\, q_{z+1}$	$z+1 \rightarrow z$ Verzicht	1	$p_x\, q_z$
3 $p_{x-1}\, q_{z+1}$	Wechsel, d.h. ein Sprechweg ist frei geworden	1	$p_x\, q_z$
4 $p_{x+1}\, q_z$	$x+1 \rightarrow x$ Gesprächsende	1	$p_x\, q_z$
5 $p_x\, q_z$	keine Änderung	1	$p_x\, q_z$
6 $p_{x-1}\, q_z$	$x-1 \rightarrow x$ bevorzugte Verbindung	1	$p_x\, q_z$
7 $p_{x+1}\, q_{z-1}$	Wechsel vom Sprechfeld zum Wartefeld	0	
8 $p_x\, q_{z-1}$	$z-1 \rightarrow z$ ein Versuch kommt in das Wartefeld	1	$p_x\, q_z$
9 $p_{x-1}\, q_{z-1}$	mit 1 Änderung nicht möglich	0	
	Abfluß		
	$x \rightarrow x+1$		
	$z \rightarrow z+1$		
	Wechsel		
	$x \rightarrow x-1$		
	$z \rightarrow z-1$		

Unter „Bewertung" ist die technische Möglichkeit oder Unmöglichkeit zu verstehen. Man kann die „Bewertung" als eine Wahrscheinlichkeit mit den beiden Werten 0 und 1 verstehen. Dann ist eine Zustandsänderung aufzufassen als sowohl technisch (un-)möglich, als auch (z. B.) $x+1, z \to x, z$. Aufstellung der einzelnen Wahrscheinlichkeiten (t bezogen auf das q-Feld):

$$p_x q_{z+1} \to p_x q_z \text{ mit der W. } p_x q_{z+1} (z+1) \frac{dt}{t}$$

$$p_{x-1} q_z \to p_x q_z \text{ mit der W. } p_{x-1} q_z (c-x-z+1)\, dt.$$

Die Wahrscheinlichkeit für einen „Wechsel" ist etwas umständlicher, z. B. $p_{x-1} q_{z+1} \to p_x q_z$. Zuerst geht $q_{z+1} \to q_z$ über mit der Wahrscheinlichkeit $q_{z+1} (z+1) \frac{dt}{t}$. Es muß aber auch p_{x-1} zu p_x übergehen. Nun ist nach Erlang $p_x = p_{x-1} \cdot \frac{y}{x}$. Die Wahrscheinlichkeit des Wechsels ist also

$$p_{x-1} \cdot q_{z+1} \frac{y}{z} (z+1) \frac{dt}{t}.$$

Ob dieser Ansatz wirklich genau richtig ist, bleibt zur Zeit noch fraglich. Vorläufig ist nichts Besseres zur Hand.

Nun stellt man eine große Tab. F auf für die gewünschten Zustände $p_x q_0$.

Nun setzt man Zufluß = Abfluß. Man sieht leicht, daß die ganze Reihe C sich weghebt gegen die Reihe G, und daß die ganze Reihe D sich weghebt gegen die Reihe F, von der nur das oberste Glied stehenbleibt.

Die Summe der Ausdrücke in der Reihe A wird $\frac{q_1}{t}\, dt$, denn

$$p_0 + p_1 + \cdots + p_v = 1.$$

In der Reihe B ist $p_0 \frac{y}{1} = p_1$ usw. bis $p_{v-1} \frac{y}{v} = p_v$,

also $$p_0 \frac{y}{1} + p_1 \frac{y}{2} + \cdots + p_{v-1} \frac{y}{v} = 1 - p_0.$$

Die Reihe B wird also $\frac{q_1}{t}(1-p_0)\, dt$. Nun erhält man

$$A + B = F$$

$$\frac{q_1}{t} + \frac{q_1}{t}(1-p_0) = p_v q_0 (c-v),$$

also $$q_1 = q_0 \frac{t p_v}{2-p_0} (c-v),$$

oder $$q_1 = q_0 N_0.$$

Nun stellt man eine weitere Tab. G für den Zufluß und Abfluß für den gewünschten Zustand $p_x q_1$ auf.

Man sieht, daß die ganze Reihe C gegen den gleich großen Anteil in Reihe G wegfällt. In G werden alle eingeklammerten Werte $= 1$. Die ganze Reihe D fällt weg gegen einen Teil von F, wo nur das oberste Glied stehenbleibt.

Tab. F. Zufluß.

Gewünschter Zustand $p_x q_0$	A Verzicht $x, z+1 \to x, z$	B Wechsel $x-1, z+1 \to x, z$	C 1 Gespräch endet $x+1, z \to x, z$	D Bevorzugtes Gespräch $x-1, z \to x, z$	E 1 Belegung gelangt in das Wartefeld $x, z-1 \to x, z$
$p_v q_0$	$p_v q_1 \frac{dt}{t}$	$p_{v-1} \frac{y}{v} q_1 \frac{dt}{t}$	0	$p_{v-1} q_0 (c-v+1)\, dt$	0
$p_{v-1} q_0$	$p_{v-1} q_1 \frac{dt}{t}$	$p_{v-2} \frac{y}{v-1} q_1 \frac{dt}{t}$	$p_v q_0 v \frac{dt}{t}$	$p_{v-2} q_0 (c-v+2)\, dt$	0
⋮	⋮	⋮	⋮	⋮	
$p_2 q_0$	$p_2 q_1 \frac{dt}{t}$	$p_1 \frac{y}{2} q_1 \frac{dt}{t}$	$p_3 q_0 3 \frac{dt}{t}$	$p_1 q_0 (c-1)\, dt$	0
$p_1 q_0$	$p_1 q_1 \frac{dt}{t}$	$p_0 \frac{y}{1} q_1 \frac{dt}{t}$	$p_2 q_0 2 \frac{dt}{t}$	$p_0 q_0 (c)\, dt$	0
$p_0 q_0$	$p_0 q_1 \frac{dt}{t}$	0	$p_1 q_0 1 \frac{dt}{t}$	0	0

Abfluß.

Verschwindender Zustand	F $x, z \to x+1, z;\ \to x, z+1$	G $x, z \to x-1, z;\ \to x, z-1$	H Wechsel $x, z \to x+1, z=1$
$p_v q_0$	$p_v q_0 (c-v)\, dt$	$p_v q_0 v \frac{dt}{t}$	0
$p_{v-1} q_0$	$p_{v-1} q_0 (c-v+1)\, dt$	$p_{v-1} q_0 (v-1) \frac{dt}{t}$	0
⋮	⋮	⋮	
$p_2 q_0$	$p_2 q_0 (c-2)\, dt$	$p_2 q_0 2 \frac{dt}{t}$	0
$p_1 q_0$	$p_1 q_0 (c-1)\, dt$	$p_1 q_0 1 \frac{dt}{t}$	0
$p_0 q_0$	$p_0 q_0 c\, dt$	0	0

Statistisches Gleichgewicht für den Zustand $p_x q_0$.

$$\text{Zufluß} = \text{Abfluß}$$

$$A + B = F$$

$$A = \frac{q_1}{t}\,; \quad B = \frac{q_1}{t}(p_1 + p_2 + \cdots + p_v)$$

$$= \frac{q_1}{t}(1 - p_0)$$

$$F = p_v q_0 (c - v)$$

$$\frac{q_1}{t}(2 - p_0) = p_v q_0 (c - v)$$

$$q_1 = q_0 \frac{t \cdot p_v}{2 - p_0}(c - v) = q_0 N_0 .$$

Tab. G. Zufluß.

Gewünschter Zustand	A Verzicht $x, z+1 \to x, z$	B Wechsel $x-1, z+1 \to x, z$	C 1 Gespräch endet $x+1, z \to x, z$	D Bevorzugtes Gespräch $x-1, z \to x, z$	E 1 Belegung gelangt in das Wartefeld $x, z-1 \to x, z$
$p_v q_1$	$p_v q_2 2 \frac{dt}{t}$	$p_{v-1} \frac{y}{v} q_2 2 \frac{dt}{t}$	0	$p_{v-1} q_1 (c-v)\, dt$	$p_v q_0 (c-v)\, dt$
$p_{v-1} q_1$	$p_{v-1} q_2 2 \frac{dt}{t}$	$p_{v-2} \frac{y}{v-1} q_2 2 \frac{dt}{t}$	$p_v q_1 v \frac{dt}{t}$	$p_{v-2} q_1 (c-v+1)\, dt$	0
$\vdots$	$\vdots$	$\vdots \quad \vdots$	$\vdots$	$\vdots$	setze $q_0 = \frac{q_1}{N_0}$
$p_2 q_1$	$p_2 q_2 2 \frac{dt}{t}$	$p_1 \frac{y}{2} q_2 2 \frac{dt}{t}$	$p_3 q_1 3 \frac{dt}{t}$	$p_1 q_1 (c-2)\, dt$	0
$p_1 q_1$	$p_1 q_2 2 \frac{dt}{t}$	$p_0 \frac{y}{1} q_2 2 \frac{dt}{t}$	$p_2 q_1 2 \frac{dt}{t}$	$p_0 q_1 (c-1)\, dt$	0
$p_0 q_1$	$p_0 q_2 2 \frac{dt}{t}$	0	$p_1 q_1 1 \frac{dt}{t}$	0	0

Abfluß.

Verschwindender Zustand	F $x, z \begin{cases}\to x+1, z \\ \to x, z+1\end{cases}$	G $x, z \begin{cases}\to x-1, z \\ \to x, z-1\end{cases}$	H $x, z \to x+1, z-1$
$p_v q_1$	$p_v q_1 (c-v-1)\, dt$	$p_v q_1 (v+1) \frac{dt}{t}$	0
$p_{v-1} q_1$	$p_{v-1} q_1 (c-v)\, dt$	$p_{v-1} q_1 (v) \frac{dt}{t}$	$p_{v-1} q_1 \frac{y}{v} \frac{dt}{t}$
$\vdots$	$\vdots$	$\vdots$	$\vdots$
$p_2 q_1$	$p_2 q_1 (c-3)\, dt$	$p_2 q_1 (3) \frac{dt}{t}$	$p_2 q_1 \frac{y}{3} \frac{dt}{t}$
$p_1 q_1$	$p_1 q_1 (c-2)\, dt$	$p_1 q_1 (2) \frac{dt}{t}$	$p_1 q_1 \frac{y}{2} \frac{dt}{t}$
$p_0 q_1$	$p_0 q_1 (c-1)\, dt$	$p_0 q_1 (1) \frac{dt}{t}$	$p_0 q_1 \frac{y}{1} \frac{dt}{t}$

Statistisches Gleichgewicht für den Zustand $p_x q_1$.

$$A+B+E = F+G+H.$$

$$A = q_2 \frac{2}{t};\quad B = 2\,\frac{q_2}{t}(1-p_0).$$

$$E = p_v \frac{q_1}{N_0}(c-v);\quad F = p_v q_1 (c-v-1).$$

$$G = \frac{q_1}{t};\quad H = \frac{q_1}{t}(1-p_0).$$

$$q_2 = q_1 \frac{t p_v}{2(2-p_0)}(c-v-1)$$

$$= q_1 N_1.$$

Die Summe der Reihe A wird $q_2 \frac{2}{t}$,

„ „ „ „ B wird $q_2 \frac{2}{t}(1-p_0)$,

„ „ „ „ G wird $\frac{q_1}{t}$,

„ „ „ „ H wird $p_v \cdot \frac{q_1}{t}(1-p_0)$.

Es ist zu setzen:

$$\text{Zufluß } A + B + E = \text{Abfluß } F + G + H.$$

Nun ersetze man in E noch q_0 durch $\frac{q_1}{N_0}$.

Nach einfachen Umformungen erhält man

$$q_2 = q_1 \cdot \frac{t \cdot p_v}{2(2-p_0)}(c-v-1) = q_1 N_1.$$

Die Aufstellung weiterer Tabellen für $p_x q_2$, $p_x q_3$ usw. ist nicht nötig, da das Bildungsgesetz für N_z leicht zu ersehen ist:

$$N_Z = \frac{t \cdot p_v}{(z+1)(2-p_0)}(c-v-z).$$

Nun muß $q_0 + q_1 + \cdots = 1$ sein. Oder

$$\begin{aligned} q_0 &= q_0, \\ +q_1 &= N_0 q_0, \\ +q_2 &= N_1 q_1 = N_0 N_1 q_0 \text{ usw.} \end{aligned}$$

$$\text{also } q_0 = \frac{1}{1+N_0+N_0N_1+N_0N_1N_2+\cdots}.$$

In den Ausdrücken N_z stehen nur bekannte Größen. Ein ausgerechnetes Beispiel würde zeigen, daß die Rechnung mit der Beobachtung nicht stimmt. Nun mache man die Annahme, daß bei nicht allzu großen Wartezeiten die Teilnehmer nicht verzichten, daß also die ganze Reihe A mit 0 zu bewerten ist, ebenso der Verzicht $z+1 \rightarrow z$ in der Reihe G. Es wird dann

$$N_z = \frac{t \cdot p_v}{(z+1)(1-p_0)}(c-v-z). \tag{7}$$

t = Belegungs- und Wartezeit,
p_v = Wahrscheinlichkeit, daß alle Sprechwege v belegt sind,
p_0 = Wahrscheinlichkeit, daß keine Sprechwege v belegt sind,
c = angebotene Belegungen,
v = Anzahl der Sprechwege.

Die Gl. (7) gibt für viele Fälle ausgezeichnete zutreffende Werte.

Beispiel für die Berechnung einer Wartezeit.

$v = 7$ Leitungen, geleistet sind 3,45 Belegungsstunden,
Verlust (nach Schaulinien) = 4,7%,
3,45 Belegungsstunden = 207′,

bei $t_{\text{bel}} = 1'$, also $c = 207$ geleistet, verloren $207 \cdot 0{,}047 = 10$

10 verloren

$c = 217$ angeboten.

Angeboten sind $3{,}45 \cdot 1{,}047 = 3{,}66$ Belegungsstunden.

$$p_0 = \frac{e^{-3,66}}{\sum_0^7 e^{-3,66} \frac{3{,}66^x}{x!}} = 0{,}0267.$$

$$p_v = \frac{e^{-3,66} \frac{3{,}66^7}{7!}}{\sum_0^7 e^{-3,66} \frac{3{,}66^x}{x!}} = 0{,}0466.$$

$t_{\text{bel}} = 60''$

$t_w = 3''$ angenommen

$t_m = 63'' = \frac{63}{3600}$ Stunden.

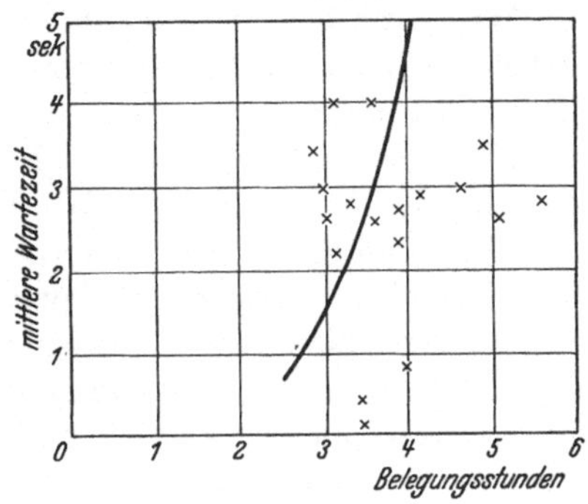

Abb. 21. Wartezeiten für $v = 7$ Leitungen.

$$N_0 = \frac{t_m \cdot p_v}{1 - p_0}(c - v) = \frac{63 \cdot 0{,}0466}{3600 \cdot 0{,}974} \cdot 210 = \frac{210}{1195}.$$

			$3600 \sum x q_x$	
	$q_0 =$	$1{,}000 q_0$	$= 3020''$	
$N_0 = \frac{210}{1195} = 0{,}176$	$q_1 = N_0 q_0$	$0{,}176 q_0$	$= 532'' \cdot 1$	532
$N_1 = \frac{209}{2390} = 0{,}087$	$q_2 = N_1 q_1$	$0{,}015 q_0$	$= 45'' \cdot 2$	90
$N_2 = \frac{208}{3585} = 0{,}058$	$q_3 = N_2 q_2$	$0{,}001 q_0$	$= 3'' \cdot 3$	9
	$\Sigma q_x = 1$	$= 1{,}1929 q_0$	$3600''$	$631''$

Wahrscheinlichkeit $q_0 = \frac{1}{1{,}192} = 0{,}838$

oder $q_0 = \frac{3600''}{1{,}192} = 3020''$.

Die gesamte Wartezeit ist also $3600 \Sigma x q_x = 631''$,

die mittlere Wartezeit ist $\frac{631}{220} = 2{,}9''$,

angenommen waren . . . . . . $3{,}0''$.

In gleicher Weise werden die mittleren Wartezeiten für andere Belastungen der $v = 7$ Leitungen berechnet.

Die Abb. 21 zeigt die berechneten mittleren Wartezeiten als brauchbare Mittelwerte der Messungen.

Aber: die mittlere Wartezeit ist kein brauchbarer Maßstab für die Betriebsgüte. Von den $c = 217$ angebotenen Versuchen finden 207 Versuche freie Sprechwege ohne warten zu müssen, und nur die 10 überschüssigen Versuche müssen warten. Die mittlere Wartezeit dieser warten müssenden Versuche ist $\frac{631}{10} = 63$ Sekunden. Die Erfahrung hat schon oft bestätigt, daß in Systemen mit Wartezeiten (z.B. Anrufsucher) die meisten Teilnehmer sofort bedient werden und nur einige unverhältnismäßig lange warten müssen.

Man kann bei der Aufstellung der Gleichungen für N_z noch weitergehen als bisher; z.B. kann man „vorschreiben“, daß kein Versuch im Wartefeld liegen dürfe, wenn z.B. zwei Sprechwege frei sind, daß also der Zustand $p_{v-2}\, q_{z>0}$ unmöglich sei. Man bewertet dann die entsprechenden Posten in den Tab. F u. G mit 0.

Ein weiteres Beispiel: Schnellverkehr. Die Teilnehmer können eine Beamtin des Schnellverkehrsamtes über Vorwähler und Gruppenwähler erreichen. Die Leitungen enden an drei Plätzen, so daß mit Nachbarhilfe neun Beamtinnen abfragen können. Eine Beamtin leistet (nach Beobachtungen) etwa 50 Verbindungen in einer Stunde und hat etwa 55 Sekunden mit jeder Verbindung zu tun. Also $c = 450$ Anrufe $v = 9$ Plätze, Gesamtbelastung $= 450 \cdot 55''$, das sind $46'$ je Platz. Die beobachtete mittlere Wartezeit (je angebotene Verbindung) ist $10 \ldots 12''$, die Rechnung ergibt $10{,}8''$. Würde man eine Leitung nur an einem Platz enden lassen, so daß nur drei Beamtinnen abfragen können ($v = 3$, $C = 150$), so würde die mittlere Wartezeit je angebotene Verbindung $49''$ sein. Darüber würden sich die Teilnehmer beschweren.

Gereihte Wartezeiten. Die bisher entwickelten Theorien für Wartezeiten gelten für eine Stelle. Es kommt aber sehr oft eine Mehrzahl von Stellen in der Reihenfolge der Verbindungsvorgänge vor, an denen Wartezeiten auftreten können, z.B. im handbedienten Fernverkehr: der ausgeschriebene Zettel muß warten, bis die Fernbeamtin für ihn frei wird, dann muß er warten, bis eine Fernleitung in der gewünschten Richtung frei wird, dann muß die Verbindung warten, bis die Fernbeamtin am ankommenden Ende frei ist, den Anruf anzunehmen usw. Die Theorie ist für diese Verhältnisse noch nicht weitergebildet worden.

Die Zahl der Wenig- und Vielsprecher. Für viele wirtschaftliche und tarifliche Aufgaben im Fernsprechwesen ist die Kenntnis der Zahl der Teilnehmer, die 1, 2, 3... mal im Tage sprechen, notwendig. Man findet dafür Beobachtungen, z.B. Deutsche Reichspost, Jahrbuch 1930/31, S. 15. Daraus ist eine Reihe für etwa 1000 Anschlüsse mit den Prozentsätzen der monatlichen Gespräche entnommen. Diese Prozentsätze sind auf Gespräche/Tag umgerechnet.

1000 Hauptanschlüsse.

<table>
<tr><td>Gespräche im Monat .</td><td>0</td><td>1/20</td><td>21/30</td><td>31/40</td><td>41/50</td><td>51/75</td><td>76/100</td></tr>
<tr><td>% Anschlüsse . . . .</td><td colspan="2">15,25</td><td>14,32</td><td>12,31</td><td>9,86</td><td>15,57</td><td>8,44</td></tr>
</table>

Gespräche im Monat . .	101/125	126/150	151/175	176/200	201/250	251/300
% Anschlüsse	5,14	3,40	2,32	1,65	2,25	1,31

Rechnet man einen Monat zu 28 Tagen und rundet man ein wenig ab, so erhält man folgende Anschlußzahlen mit ihren täglichen Gesprächen:

Gespräche im Tag .	0 . . . 0,5	1	2	3	4	5	6	7
Beobachtung . . .	200	210	254	140	60	40	23	22 Teilnehmer
Theorie	290	206	146	103	75	52	37	26 Teilnehmer
Gespräche im Tag .	8	9	10	11	12	13	14	15
Beobachtung . . .	22	15	10	6	6	5	3	4 Teilnehmer
Theorie	19	13	9,8	7	4,8	3,4	2,8	2 Teilnehmer

Die Zahl der Wenigsprecher mit zwei oder weniger Gesprächen/Tag ist: Beobachtung 664, Theorie 642. Die Zahl der Vielsprecher mit 10 oder mehr Gesprächen/Tag ist: Beobachtung 34, Theorie 30. Die Theorie gibt also brauchbare Anhaltspunkte.

Theorie der Verteilung der Gespräche, wenn bekannt sind: S die Anschlußzahl und G die Gesamtzahl der Gespräche $S = 1000$, $G = 2440$/Tag. Eine Zahl G kann auf $\binom{G+S-1}{S-1}$ Arten in S Summanden $= 0, 1, 2, \ldots, S$ zerlegt werden. Addiert man zu jedem Summanden eine 1 dazu, so ist der kleinste Summand $= 1$. Die Summe wird $G + S$. Man kann also die Zahl $G + S$ in positive ganzzahlige Summanden, deren kleinster $= 1$ ist, ebensooft zerlegen, als die G in Summanden, deren kleinster $= 0$ ist. Ähnlich für den kleinsten Summanden 2, 3, . . . Also die Zahl G kann in S Summanden $\geqq k$ zerlegt werden auf

$$\binom{G-kS+S-1}{S-1} = \binom{G+S(1-k)-1}{S-1} \text{ Arten.}$$

Bezeichne nun die Zahl der 0 Sprecher mit a. Man kann auf $\binom{S}{a}$ Arten a Anschlüsse bilden. Dann müssen die $S-a$ Anschlüsse je ein oder mehr Gespräche ausführen. Setze $k = 1$ und $S-a$ als Zahl der Summanden, also $\binom{G-1}{S-a-1}$ Arten. Die Wahrscheinlichkeit w_a, daß man a 0 Sprecher findet, ist demnach

$$w_a = \frac{\binom{S}{a}\binom{G-1}{S-a-1}}{\sum\limits_{x=0}^{S} \binom{G}{x}\binom{G-1}{S-x-1}}.$$

Setze den Nenner $= N_x$. Dann wird w_a ein Maximum sein für $N_{x+1} = N_x$. Man schreibt diese beiden Ausdrücke an und erhält so das Maximum für

$$X = \frac{S^2-G-1}{G+s+1} = a.$$

Beispiel: $S = 1000$; $G = 2440$

$$a = \frac{1000^2-2441}{3441} = 290.$$

Das Verfahren, das Maximum von w_a zur Berechnung von a zu verwenden, ist durch keinerlei innere Notwendigkeit der Aufgabe bedingt. Man kann deshalb nicht erwarten, daß die berechnete Zahl genau stimmt. Die Zahl der 0 Sprecher ist in allen Beobachtungen kleiner als berechnet. Die Abweichung kommt daher, daß die Teilnehmer sich nicht an eine mathematische Vorschrift halten. Man muß aber irgendeinen mathematisch bestimmten Wert ausrechnen. Und wenn man einige Ergebnisse (Wenigsprecher) zusammenrechnet, so gleicht sich die Abweichung aus.

Bezeichne mit b die Zahl der 1-Sprecher. Aus den $S-a$ Teilnehmern kann man auf $\binom{S-a}{b}$ Arten die 1-Sprecher aussondern. Dann müssen die $S-a-b$ Teilnehmer mindestens 2 Gespräche ausführen. Bilde nun die Wahrscheinlichkeit w_b für die 1-Sprecher. Das Maximum von w_b liegt bei

$$b = \frac{(S-a)^2 + (S-a) - G - 1}{G+1}$$

und allgemein

$$n_\alpha = \frac{S'^2 + \alpha S' - G' - 1}{G' - (\alpha - 1)S' + 1},$$

worin

$S' = S - a - b \cdots - (n-1)$,
$G' = G - b - 2c - 3d - \cdots (\alpha - 1)(n-1)$,
n = die Zahl der Teilnehmer, die α Gespräche führen,
S = Gesamtzahl der Teilnehmer,
G = Gesamtzahl der Gespräche.

Gruppenzuschläge[1]. Die Verkehrsmassen verschiedener Ämter oder Richtungen (nach oder von Nord, Süd, Ost, West) haben ihre Hauptverkehrsstunden (HVSt) an verschiedenen Tageszeiten. Man kennt im allgemeinen die HVSt der einzelnen Gebiete. Wenn solche „phasenverschobene" Verkehrsmengen z.B. in Durchgangsämtern zusammengefaßt oder wieder nach mehreren Richtungen geteilt werden, so ist die HVSt der Gesamtmasse kleiner als die Summe der HVSt der Komponenten. Zur Berechnung der „Zuschläge" bei Teilungen oder „Abzüge" bei Zusammenfassungen benutzt man eine Gleichung nach Bernouilli:

$$\binom{C}{x} p^x (1-p)^{C-x},$$

worin C die gesamte Belegungszahl und p das Teilungsverhältnis ist, also bei 8 Richtungen ist $p = \frac{1}{8}$.

Streuungen um einen Mittelwert[2]. Wenn eine Linie (Verlustlinie, Poissonlinie usw.) gegeben ist, so streuen die Messungen sehr stark um diese Linie herum. Hettwig versucht ein Gesetz für die Streuungen zu

[1] Lubberger: Fortschr. Fernspr.-Techn. Juli 1935.
[2] E. Hettwig, Z. Fernm.-Technik, 1935 Heft 1 und 2.

finden. Er benutzt dazu die Gleichung von Poisson, aber der Parameter (y) macht noch Schwierigkeiten. Es ist nicht gleichgültig, ob man den Verkehrswert (y) in Stunden, Minuten oder gar Sekunden einsetzt, obwohl in der Fernsprechtechnik die Angabe $y = 3$ Belegungsstunden oder 180 Belegungsminuten dasselbe bedeuten.

Rückwärtige Sperrungen[1]. In vielen Wählersystemen wird an einen von z. B. 10 Sprechwegen ein einziger Hilfsapparat für einige Sekunden angeschaltet, bis der Sprechwähler eingestellt ist. Während dieser Anschaltung sind die übrigen, teilweise noch freien Sprechwege gegen Belegung „rückwärts" gesperrt, da sie ja auch auf den einen Hilfsapparat angewiesen sind. Das ergibt oft sehr beachtliche, sozusagen „wattlose" Belastungen. Die Theorien geben gut brauchbare Werte.

Rückwärtige Sperrung[2]. Große Verkehrsmassen (z. B. die von 2000 Teilnehmern erzeugten Belegungen) führt man nicht über eine einzige Verbindungsstufe, weil die Wähler zu groß würden, sondern über eine Mehrzahl von Durchgangsgruppen (z. B. 10) mit kleinteiligen Wählern. Man nennt die Anordnung „doppelte Vorwahl". Zu einer Durchgangsgruppe gehen (von der ersten Vorwahlstufe) z. B. 18 Zugänge; eine Durchgangsgruppe hat aber nur (z. B.) 10 Ausgänge. Sind diese belegt, so müssen die übrigen (8) Zugänge gegen Belegung gesperrt werden, obwohl sie frei sind. Die Theorie von Baltzer gibt gut brauchbare Werte für die „wattlosen" Belastungen.

Überlauf auf Aushilfsstellen[3]. Häufig ordnet man für eine Vielzahl von Verkehrsflüssen mit knappen Verkehrswegen „Sammelplätze" mit großen Wählern oder großen Schränken (bei Handbetrieb) an. Die Sammelplätze gestatten, alle über die knappen Verkehrswege überfließenden Belegungen zu bedienen. Baltzers Theorie bietet einen Weg zur Berechnung des „Überflusses".

Leistungen der einzelnen Leitungen[4]. Die Wähler suchen einen freien weiterführenden Ausgang meistens von einer Ruhelage ab. Die erst geprüften Ausgänge werden daher viel stärker beansprucht als die später erreichten Ausgänge. Die Theorien geben auffallend zutreffende Werte.

Stufenbreiten[5]. Ein „Breitbandkabel" gestattet die Übertragung von z. B. 100 Gesprächen gleichzeitig über ein einziges Leitungspaar (außerdem noch „Fernsehen" und Telegramme). Die Verstärker in der Leitung dürfen nicht überschrieen werden. In der deutschen Sprache werden z. B. in einer Stunde 39000 Buchstaben gesprochen, darunter 5,18% mal *a* mit je einer Dauer von durchschnittlich 0,2 Sekunden. Ein *a* hat 10fache

[1] Kraft, W. H.: Z. Fernm.-Techn. 1934, Heft 3.
[2] Baltzer, Dr. J.: Z. Fernm.-Techn. 1928, Heft 3 und 4.
[3] Baltzer, Dr. J.: Z. Fernm.-Techn. 1928, Heft 5.
[4] Steinig: Fortschr. Fernspr.-Techn. Heft 16.
[5] Fischer, Dr. Bruno: Wiss. Veröff. Siemens-Werk. 1935, Heft 1.

Energie der anderen Buchstaben. Die Gleichzeitigkeit der a würde nach Poisson zu nehmen sein. Aber das Ohr empfindet das Überschreien nur, wenn das Überschreien länger als z.B. 20 ms = 0,02″ dauert. Fischers Theorie gestattet nun die Berechnung der „Stufenbreiten", z.B. 15 a fallen länger als 0,02″ zusammen. Man erhält:

Stufenbreiten zusammenfallender „a" bei 100 Gesprächen:

Gleichzeitigkeit der „a" . .	15	16	17	18	19	20	21	22	23	24	25	26	27
Anzahl der Stufen $\geqq$ 0,02″	2187	1150	730	430	250	144	70	50	40	35	29	20	20

Das sind 5155 solcher störenden a Stufen bei 100 Gesprächen. Die Summe aller a Stufen ist 66000. Man kann die mathematische Erwartung bilden: $3600'' \, \Sigma p_x w_x = 28''$, d.h. 28″ lang in einer Stunde dauern die Störungen, wenn die Verstärker die Energien bis zu 15 a unverzerrt übertragen, und wenn das Ohr eine Störung von mehr als 0,02″ wahrnimmt.

Die Theorie ist für die zusammenfallenden „a" noch nicht nachgemessen. Fischer hat aber die Theorie durch andere Messungen bestätigt gefunden.

Wiederholung der Besetztversuche.

Es kommt häufig vor, daß Teilnehmer nach dem Empfang des Besetztzeichens solange weitere Versuche machen, bis sie endlich Erfolg haben. Diese Wiederholungen erhöhen die Verluste. Die Theorie der Stufenbreiten ermöglicht die Berechnung dieser Wiederholungen, wie an einem Beispiel erläutert sei. Eine genaue Untersuchung der Theorie von Steinig[1] zeigt, daß diese Verlustlinien noch nicht ganz „steil" genug sind. Die „Wiederholungen" erweitern die Theorie im gewünschten Maße, jedoch müssen wir noch eine willkürliche Annahme machen.

Beispiel: $v = 10$ Leitungen, Leistung 6,2 Belegungsstunden, Verlust ohne Wiederholungen = 6,5%. Bei $t = 1{,}5'$ Haltedauer werden $c = 248$ Belegungen geleistet, und weitere 16 Versuche gehen verloren, also $c = 264$ angeboten.

1. Man nimmt Spitzenbreiten an, die zweckmäßig festgelegt werden.

2. Berechnung der Anzahl Spitzen jeder Breite.

3. Man bietet den Spitzen die Versuche ($c = 264$) an und berechnet (mit Bernoulli) die Anzahl der in die Spitzen fallenden Versuche, die verlorengehen. Dieser „erste Verlust" muß der nach Steinig berechnete Verlust (16 verloren) sein. Die Rechnung ergibt 16,21 anstatt 16.

Nun macht man die willkürlichen Annahmen:

4. Jeder Besetztfall (Verlust), der in eine Spitze von 6″, 8″ und 10″ fällt, wird einmal wiederholt und geht noch einmal verloren.

Jeder Besetztfall, der in eine Spitze von 12″, 14″ und 16″ fällt, wird zweimal wiederholt und geht jedesmal verloren.

[1] Steinig: Fortschr. Fernsprech.-Techn. Heft 16.

Jeder Besetztfall, der in eine Spitze von 18″, 20″ und 22″ fällt, geht dreimal verloren.

Diese Annahme gibt zu große Verluste.

5. Einmalige Wiederholungen in den Spitzen von 8″, 10″ und 12″, zweimalige Wiederholungen in den Spitzen von 14″, 16″ und 18″, dreimalige Wiederholung in den Spitzen von 20″ und 22″.

6. Die Wiederholungen sind noch seltener.

Die Abb. 22 zeigt Messungen für $v = 10$ Leitungen, die voll ausgezogene Linie ist nach **Steinig** berechnet, die gestrichelte Linie ist das Ergebnis nach den Annahmen 6.

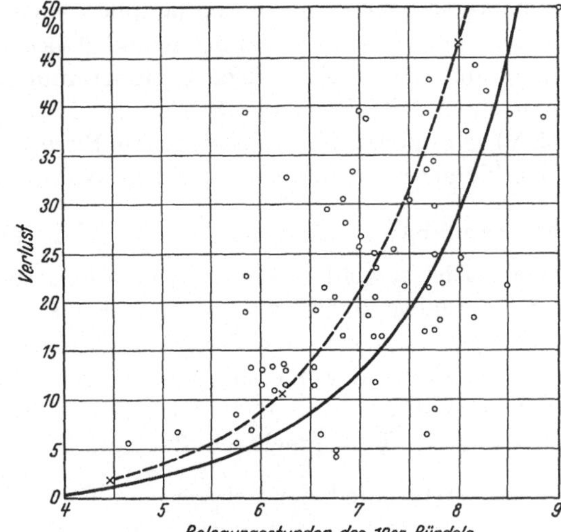

Abb. 22. Große Verluste für $v = 10$ Leitungen — ohne, ... mit Wiederholungen der Besetztverbindungen.

I	II	III	IV		V		VI	
Breiten	Anzahl der Verluste	Erste Verluste	Wiederholte Verluste					
			wiederholt		wiederholt		wiederholt	
0,5″	7,39	0,272						
1,5″	6,21	0,687						
2,5″	5,22	0,957						
4″	7,98	2,34						
6″	5,55	2,44	1	2,44	0		0	
8″	3,83	2,245	1	2,24	1	2,24	0	
10″	2,60	1,907	1	1,91	1	1,91	1	1,91
12″	1,76	1,548	2	3,10	1	1,55	1	1,55
14″	1,17	1,420	2	2,84	2	2,84	1	1,42
16″	0,78	0,912	2	1,82	2	1,82	2	1,82
18″	0,51	0,670	3	2,01	2	1,34	2	1,34
20″	0,33	0,482	3	1,44	3	1,44	2	0,96
22″	0,21	0,339	3	1,02	3	1,02	3	1,02
		16,21		18,84		14,16		10,62
	Dazu erster Verlust			16,2		16,2		16,2
	Gesamtverlust			35		30,36		26,22

$$\text{Verlust für } v = 10 \quad \frac{35c}{248c} = 14{,}1\% \quad \frac{30{,}36}{248} = 12{,}2\% \quad \frac{26{,}22}{248} = 10{,}5\%\,.$$

Energieverteilung in Breitbandkabeln.

Die oben (S. 62) geschilderte Berechnung der zusammenfallenden „a" in 100 Gesprächen reicht für die Bemessung der Verstärker in Breitbandkabeln noch nicht aus, da ja außer den a noch viele andere Energiequellen mitwirken. Thierbach und Jakoby[1] gehen von gemessenen Spannungen aus. Aus vielen Oszillogrammen von Sprechströmen hatte man einen Mittelwert der Spannung eines Gesprächsstromes u_0 (etwa 0,5 V) gefunden. Die verschiedenen Buchstaben erzeugen nun größere oder kleinere Spannungen u_x. Die Wahrscheinlichkeit des Auftretens der Spannung u_x ist dann $w(u_x) = \frac{1}{u_0} \cdot e^{-\frac{u_x}{u_0}}$. Wenn nun z. B. 20 Gespräche gleichzeitig (sowohl — als auch) bestehen, so ist die Wahrscheinlichkeit der entstehenden Gesamtspannung das Produkt von 20 Gliedern, von denen jedes einzelne die Teilspannung eines Gespräches darstellt.

e^{-m}. Es sei hier eine allgemeine Bemerkung gestattet. Die Form der Wahrscheinlichkeit als e^{-m}, worin m ein Bruch sein kann, hat offenbar für die ganze Fernsprechtechnik eine auffallend große Bedeutung. e^{-m} ist das erste Glied der Poissonschen Gleichung und alle $w_0 = e^{-m} \frac{m^x}{x!}$ werden e^{-m} für $x = 0$. Die Dämpfung längs einer Leitung verläuft nach einem e^{-m}-Gesetz. Die Dauer der Gespräche folgt einem e^{-m}-Gesetz. Und die Spannungen der Sprechströme folgen einem e^{-m}-Gesetz.

Gemischte Felder. Für die Fachmänner der Wählertechnik sei kurz angedeutet, daß das bekannte Verfahren der Berechnung gemischter Felder[2] für große Verluste nicht ausreicht. Die Einführung der wiederholten Verluste ergibt befriedigende Werte.

Gauß. Alle Verkehrstheorien sind Fehlergesetze. Die Vermutung, daß das Gaußsche Fehlergesetz auch für den Fernsprechverkehr gelte, liegt nahe. Aber dieses Fehlergesetz betrifft eine ganz andere Erscheinung. Es ist zur Beurteilung von Messungen (Landesvermessung) geschaffen worden, bei denen alles getan wird, um möglichst genau einen bestimmten Wert (eine Länge, einen Winkel usw.) zu messen. Demgegenüber haben die Teilnehmer kein Interesse daran, einen bestimmten Mittelwert (y Belegungsstunden) zu erzeugen. Die Verkehrsschwankungen sind wesentlich größer als die Abweichungen, die mit dem Gaußschen Fehlergesetz erfaßt werden.

Es gibt aber im Fernsprechwesen doch viele Aufgaben, die mit „Gauß" erfaßt werden. Schon die ganze Fertigung (siehe Vortrag Franz) der Apparate unterliegt „Gauß". Ferner: die Nummernwahl geht oft über zahlreiche Schaltstellen, die manchmal mehrere 100 km voneinander entfernt liegen. Es muß alles geschehen, alle Teile müssen

[1] Z. techn. Physik 1936 Heft 12.

[2] Siehe Lubberger: Wirtschaftlichkeit der Fernsprechanlagen.

so gebaut werden, daß der Stromstoß am Ende brauchbar geliefert wird. Dr. Etzrodt hat deshalb vorgeschlagen, für eine Gewährleistung das Gaußsche Fehlergesetz zu benutzen.

Das bekannte Fehlergesetz

„Liniengauß“ $$dw_x = \frac{h}{\sqrt{\pi}} e^{-h^2 x^2} dx$$

bezieht sich nun auf eine Veränderliche, die sich in einer Richtung ändert (Winkel, Länge). Gibbs[1] hat das Gesetz für Änderungen in zwei Richtungen (Scheibenschießen) und in drei Richtungen (Treffsicherheit bei Flugabwehr) erweitert. Man kann diese Gesetze bezeichnen als

Flächengauß: $$dw_x = 2h^2 x e^{-h^2 x^2} dx.$$

Raumgauß: $$dw_x = \frac{4h^3}{\sqrt{\pi}} x^2 e^{-h^2 x^2} dx.$$

Diese letzteren Gleichungen sind noch nicht angewandt worden, siehe aber auch S. 72.

[1] Adjustment of Errors. London: Milford.

Verborgene periodische Erscheinungen.

Von **J. Bartels**, Eberswalde.

1. Der Aufgabenkreis.

Periodische Erscheinungen sind jedem vertraut; aus der Technik Schwankungen, Umläufe, Pendelbewegungen, Resonanzerscheinungen, Töne, Wechselströme; aus der Geophysik die periodischen Erscheinungen, die mit dem Umlauf der Himmelskörper zusammenhängen, Tag, Jahr, Monat, die 27tägige Rotation der Sonne um ihre Achse, die 11jährige Sonnenfleckenperiode. Wie im vorigen Vortrag erwähnt, kann man auf einem Telephonkabelpaar bis 100 Gespräche gleichzeitig führen; vom Rundfunk her ist jedem die Vorstellung geläufig, daß der Raum von vielen Zügen elektrischer Wellen gleichzeitig durchzogen wird, und daß diese Wellenzüge durch geeignete Empfangsapparate voneinander getrennt wahrgenommen werden können. So könnte die Aufgabe, verborgene periodische Erscheinungen aufzudecken, als gelöst erscheinen. In der Geophysik und verwandten Gebieten tritt diese Aufgabe aber oft in einer Gestalt auf, die ihre Lösung durch drei Umstände erschwert:

a) Bei den technischen und physikalischen Perioden ist die Anzahl der Wiederholungen der periodischen Erscheinungen im allgemeinen innerhalb der Beobachtungsdauer recht groß (Schwingungszahl in der Sekunde von der Größenordnung 1 Million bei Rundfunkwellen, 1000 Billionen bei Lichtwellen). Demgegenüber ist die Anzahl der jährlichen Perioden, 11jährigen Sonnenfleckenperioden usw. innerhalb eines Menschenlebens nur gering, ganz zu schweigen von solchen Vorgängen wie Klimaänderungen und Eiszeiten.

b) In der Physik und Technik werden Experimente im Laboratorium möglichst so angestellt, daß alle wesentlichen Versuchsbedingungen konstant gehalten werden und nur die Abhängigkeit weniger Veränderlicher voneinander zur Beobachtung gelangt. In der Geophysik werden dagegen stets eine ganze Anzahl von Experimenten von der Natur gleichzeitig gemacht, und periodische Erscheinungen sind überlagert von anderen, mitunter wesentlich deutlicheren Vorgängen.

c) In der Mathematik wird gezeigt, daß jede Funktion, die innerhalb eines endlichen Intervalls gegeben ist, mit beliebiger Genauigkeit als Summe von Sinuswellen darstellbar ist, und zwar auf unendlich viele

Weisen. Dieser rein mathematische Satz über die Fouriersche Reihe gibt wieder zuviel: nach ihm erscheinen alle Funktionen als Überlagerung von periodischen, oder, akustisch gesprochen, jedes Geräusch als eine Summe von reinen Tönen. Die formale Zerlegung einer Beobachtungsreihe in eine Summe von Sinuswellen bedeutet also in vielen Fällen nur ein Rechenexempel, das keinen Aufschluß über die physikalische Natur der Erscheinung gibt und insbesondere den einzelnen Teilwellen keinerlei physikalische Bedeutung verleiht. Dieser Sachverhalt wird leider immer wieder nicht beachtet, woraus sich die große Fülle von Scheinperiodizitäten erklärt, die sich in der geophysikalischen Literatur finden.

Die Entscheidung muß daran anknüpfen, daß die physikalische Realität einer periodischen Erscheinung, wie etwa eines jährlichen Ganges der Lufttemperatur, an der Häufigkeit ihrer Wiederkehr erkannt wird. Diese Häufigkeitsbetrachtung weist auf die statistische Natur der Frage hin. Es wird sich darum handeln, den Unterschied zwischen dem Zufall in seinen vielfältigen Erscheinungsformen und der Regelmäßigkeit zu erkennen.

2. Material für Beispiele.

Wir betrachten den Fall, daß die zu untersuchende Funktion durch Werte in gleichen Zeitabständen Δt gegeben ist, etwa stündliche, tägliche oder monatliche Werte. Diese Werte werden als gleichabständige Ordinaten (zur Zeit als Abszisse) aufgetragen gedacht.

a) **Internationale erdmagnetische Charakterzahlen C.** Diese geben für jeden Tagesabschnitt, begrenzt durch Greenwich Mitternacht, den Grad des Störungszustandes des erdmagnetischen Feldes an. Jedes magnetische Observatorium schreibt jedem Tag, nach dem Anblick der Registrierkurven, eine der Zahlen 0 (ungestört), 1 (leicht gestört) oder 2 (stark gestört) zu; der Durchschnitt dieser Ziffern für alle (etwa 40) Observatorien der Erde ist C. Die Gleichförmigkeit des erdmagnetischen Störungszustandes über die ganze Erde (im Gegensatz zu der lokalen Begrenzung meteorologischer Vorgänge) kommt darin zum Ausdruck, daß es häufig vorkommt, daß für einen Tag alle Observatorien zugleich 0 ($C = 0{,}0$) oder 2 ($C = 2{,}0$) schätzen. C ist ein gutes Maß für den elektrischen Störungszustand der Ionosphäre, der hochionisierten Atmosphäre oberhalb rd. 80 km Höhe.

b) **Sonnenflecken-Relativzahlen** geben für jeden Tag die Fleckenzahl auf der Sonne nach einer in Zürich festgelegten Skala an (ungefähr 10fache Anzahl der Fleckengruppen plus Anzahl der Einzelflecken).

c) Anzahl der täglichen Sterbefälle in Berlin, Januar 1906 bis Juli 1914, nach Todesursachen unterschieden.

d) **Zufallszahlen,** entstanden gedacht durch Lotterieziehungen, Würfelspiel oder ähnliche Vorgänge. Als praktische Verwirklichung dient ein Heft mit Zufallszahlen, die in K. Pearsons Biometrischem Laboratorium von Tippett[1] zusammengestellt worden sind; man kann sich diese Tafeln etwa so entstanden denken, daß ein Setzer aus einer großen Anzahl von Typen mit den Ziffern 0 bis 9 (in gleichem Mischungsverhältnis), nach völliger Durchmischung, wahllos, nach Art einer Lotterieziehung, ein Buch zusammensetzt.

Allgemeinere Folgen von Zufallszahlen oder zufälligen Ordinaten (genauer: Ordinaten mit zufälliger Aufeinanderfolge) entstehen durch Lotterieziehungen, bei denen auf den Losen Zahlen verzeichnet sind, wobei die Häufigkeit der Lose, die gleiche Zahlen tragen, gegeben ist, z.B. als Gaußsche Verteilung.

3. Das Fehlerfortpflanzungsgesetz. Erhaltungsneigung.

Gegeben eine unbegrenzte Menge von Ordinaten mit zufälliger Aufeinanderfolge, Streuung (mittlere Abweichung) m oder $m(1)$. Aus je h aufeinanderfolgenden Ordinaten werden Mittelwerte gebildet; die Streuung dieser Mittelwerte sei $m(h)$. Dann gilt das grundlegende Fehlerfortpflanzungsgesetz

$$m(h) = m/\sqrt{h}\,.$$

Beispiel: $m = 40$, $h = 400$; $m(400) = 40/\sqrt{400} = 2$.

Auf diesem Fehlerfortpflanzungsgesetz beruht das Vertrauen, das solchen Mittelwerten entgegengebracht wird, die aus vielen Beobachtungen abgeleitet sind und sich nicht bloß auf eine Einzelbeobachtung stützen.

Aus einer Menge von Ordinaten mit zufälliger Aufeinanderfolge werde nun eine neue Folge dadurch gebildet, daß jede Ordinate $w$mal wiederholt wird, die Ordinaten sonst aber in ihrer Aufeinanderfolge nicht geändert werden. Wenn dann $h = w \cdot h'$ ist, mit ganzzahligem h', so ist der Mittelwert aus je h Ordinaten einfach ein solcher aus je h' Ordinaten in zufälliger Aufeinanderfolge, also

$$m(h) = m/\sqrt{h'} = m/\sqrt{h/w}\,,$$

und

$$w = \left(\frac{m(h)}{m/\sqrt{h}}\right)^2, \qquad h' = h/w\,.$$

Beispiel: $m = 40$, $h = 400$, $w = 4$, $h' = 100$; $m(400) = \dfrac{40}{\sqrt{400/4}} = 4$.

Diese einfachen Gleichungen führen zwanglos zur Definition eines Parameters, der die Erhaltungsneigung, also die Abweichung von der

[1] Tippett, L. H. C.: Random Sampling Numbers. (Tracts for Computers No. 15.) Cambridge University Press 1927. Dieses Buch ist gewissermaßen ein Exemplar aus Lasswitz' Zufalls-Bücherei, in der der Sinn als ganz spezieller Fall des Unsinns erscheint.

Zufälligkeit der Aufeinanderfolge, zu messen gestattet. Bei einer beliebigen Reihe vorgegebener Ordinaten wird wieder die Streuung m berechnet, ebenso die Streuung $m(h)$ der Durchschnitte von je h aufeinanderfolgenden Werten, wobei für h nacheinander 1, 2, 3 ... gesetzt wird. Dann heißt

$$\varepsilon(h) = \left(\frac{m(h)}{m/\sqrt{h}}\right)^2$$

die „äquivalente Wiederholungszahl" (wegen der offensichtlichen Analogie zu w im vorigen Beispiel), und $h/\varepsilon(h)$ heißt effektive Anzahl zufälliger Ordinaten, wegen der Analogie zu $h' = h/w$. Im vorigen Beispiel würde für $h = 400$, $\varepsilon(h) = (4/2)^2 = 4 = w$. Bei zufälliger Aufeinanderfolge ist $\varepsilon(h) = 1$. Bei positiver Erhaltungsneigung — wenn auf große Ordinaten wieder große folgen — ist $\varepsilon(h) > 1$; es lassen sich aber auch Beispiele mit negativer Erhaltungsneigung konstruieren, z. B. die Differenzen aufeinanderfolgender zufälliger Ordinaten.

Beispiele: Erdmagnetische Charakterzahlen C für die Sonnenflecken-Maximaljahre 1917—1919, 1925—1929; tägliche Sonnenflecken-Relativzahlen für die ganze Sonnenscheibe, dieselben Jahre.

h = Tage	1	2	4	8	16
Erdmagnetische Unruhe $\varepsilon(h)$	1,00	1,56	2,09	2,33	2,47
Sonnenflecken $\varepsilon(h)$	1,00	1,99	3,49	5,91	8,19

Für die Sonnenflecken ist die Reihe aus dem ganzen Beobachtungsmaterial seit 1749 noch verlängert:

h = Tage	16	64	256	1024	4096
$\varepsilon(h)$	8,2	26,8	99	325	201
$h/\varepsilon(h)$	1,95	2,4	2,6	3,1	20,4

Besonders auffällig ist an diesen letzten Zahlen, daß unter $h = 1024$ Tagen, innerhalb dreier Jahre also, die äquivalente Anzahl der voneinander unabhängigen täglichen Werte erst $h/\varepsilon(h) = 3{,}1$ beträgt; erst von da ab macht sich der Einfluß des 11jährigen Sonnenfleckenzyklus bemerkbar, indem jetzt das ganze Niveau der Fleckenzahlen sich verschiebt. Physikalisch ist die hohe Erhaltungstendenz natürlich mit der bekannten Lebensgeschichte einer einzelnen Fleckengruppe und eines Fleckenzyklus zu erklären. Die Tabelle läßt den statistischen Hintergrund für die Erfahrungstatsache erkennen, daß zur Untersuchung von Korrelationen geophysikalischer Erscheinungen mit der Sonnentätigkeit sehr lange Reihen gehören.

Übrigens ist $\{[\varepsilon(2h)/\varepsilon(h)]-1\}$ der gewöhnliche Korrelationskoeffizient zwischen aufeinanderfolgenden Mittelwerten von je h Werten, für Sonnenflecken z. B. 0,99 für $h = 1$ und noch 0,92 für $h = 128$ (also Viermonatsmittel).

Sterblichkeit: Bei Selbstmorden, Unglücksfällen, Krebs ist die Erhaltungstendenz sehr klein, für tägliche Werte ist $\varepsilon(10)$, in der angegebenen Reihenfolge, gleich 1,18, 1,09, 1,00. Zusammenhänge mit dem täglichen Wechsel der erdmagnetischen Unruhe können also nicht sehr bedeutend sein, weil die Erhaltungsneigungen so verschieden sind. Dagegen ist für Todesfälle infolge Erkrankungen der Atmungsorgane $\varepsilon(10) = 3{,}12$ (ansteckender Charakter dieser Erkrankungen!).

An 729 Tagen der Jahre 1906—1914, die zwischen dem 14. März und 21. Juni lagen, ereigneten sich in Berlin an 101 Tagen kein Selbstmord, an 175 Tagen je 1, an 192 Tagen je 2, an 148 je 3, an 73 je 4, an 20 je 5, an 16 je 6 und an 4 Tagen je 7 Selbstmorde, im Durchschnitt also 2,08 pro Tag. Denkt man sich in eine Urne 101 Lose mit der Ziffer 0, 175 Lose mit der Ziffer 1 usw. gelegt und durchgemischt, so verhält sich also in bezug auf die Erhaltungsneigung (!) die tägliche Zahl der Selbstmorde an aufeinanderfolgenden Tagen nahezu so, als ob sie durch blinde Ziehungen aus dieser Urne (mit Zurücklegen der Lose) bestimmt wäre. Für den Statistiker ist dieses Beispiel noch deshalb von Interesse, weil es sich um ein sog. „seltenes Ereignis" handelt (Poissonsche Gleichung); tatsächlich ist die Streuung $m = 1{,}46$, und m^2 folglich 2,13, fast genau gleich dem Durchschnitt 2,08.

4. Allgemeine Perioden.

Zur Untersuchung von Perioden der Länge $P = p \cdot \Delta t$ werden die Ordinaten y_k in h Zeilen zu je p Ordinaten untereinander geschrieben (wobei $h \cdot p$ klein ist gegen die Gesamtzahl der Ordinaten), und durch Mittelbildung über die p Kolonnen von je h Werten wird die durchschnittliche Zeile gebildet:

$$\begin{array}{ll} \text{Einzelzeilen} & y_1\ ,\ y_2\ ,\ \ldots,\ y_p\,, \\ & y_{p+1},\ y_{p+2},\ \ldots,\ y_{2p}, \\ & \ldots\ldots\ldots\ldots \\ & y_{hp-p+1},\ y_{hp-p+2},\ \ldots,\ y_{hp}. \\ \hline \text{Durchschnittszeile} & \overline{y}_1,\ \overline{y}_2,\ \ldots,\ \overline{y}_p. \end{array}$$

Auf diese Weise werden aus je $h \cdot p$ Ordinaten Durchschnittszeilen berechnet.

Die Streuung der Einzelzeilen, berechnet aus den Abweichungen der Ordinaten vom Durchschnitt der jeweiligen Zeile, in der sie stehen, sei $\zeta = \zeta(1)$; die ebenso berechnete Streuung der Durchschnittszeilen sei $\zeta(h)$. Dann ist bei zufälliger Aufeinanderfolge $\zeta(h) = \zeta(1)/\sqrt{h}$. Allgemein wird gesetzt

$$\sigma(h) = \left(\frac{\zeta(h)}{\zeta(1)/\sqrt{h}}\right)^2 .$$

$\sigma(h)$ heißt äquivalente Anzahl der Sequenzen, wenn unter einer Sequenz eine Aufeinanderfolge von Zeilen verstanden wird, die identisch sind bis auf höchstens die Mittelwerte der Zeilen. $h/\sigma(h)$ heißt effektive

Anzahl unabhängiger Zeilen. Die Analogie zu $\varepsilon(h)$ und $h/\varepsilon(h)$ in Abschnitt 3 ist klar.

5. Sinuswellen. Periodenuhr.

Wenn wir die Bezeichnungen wie in Abschnitt 4 beibehalten, wird die Zeiteinheit so gewählt, daß $P = 2\pi$. Dann ergeben sich für jede Zeile die Koeffizienten der Fourier-Reihe

$$f(t) = a_0 + \sum_{\nu} (a_\nu \cos \nu t + b_\nu \sin \nu t)$$
$$= a_0 + \sum_{\nu} c_\nu \sin (\nu t + \alpha_\nu)$$

durch harmonische Analyse[1] der Zeile, z.B. für die erste Zeile $y_1, y_2, \ldots, y_p$ als

$$a_\nu = \frac{2}{p} \sum_{\varrho=1}^{p} y_\varrho \cos \nu \varrho \tau, \qquad b_\nu = \frac{2}{p} \sum_{\varrho=1}^{p} y_\varrho \sin \nu \varrho \tau, \qquad \text{mit } \tau = 2\pi/p\,;$$

$$c_\nu^2 = a_\nu^2 + b_\nu^2\,, \qquad \operatorname{tang} \alpha_\nu = \frac{a_\nu}{b_\nu}\,.$$

Für eine bestimmte Periodenlänge, z.B. die νte Welle, können die Koeffizienten für die Einzelzeilen dargestellt werden in der Periodenuhr für die Frequenz ν oder Periodenlänge P/ν. In einem rechtwinkligen Koordinatensystem, a_ν nach oben, b_ν nach rechts, wird jede Zeile durch einen Vektor vom Nullpunkt dargestellt, mit den rechtwinkligen Koordinaten a_ν, b_ν, und den Polarkoordinaten c_ν, α_ν. Die Länge des Vektors ist also proportional der harmonischen Amplitude, und wenn er als eine Art Uhrzeiger aufgefaßt wird und der Rand mit einer Skala für die Eintrittszeit des Maximums beziffert wird, so ergibt sich eine sehr anschauliche Darstellung, die z.B. für Perioden mit 12 Stunden Periode gerade auf das Zifferblatt einer Uhr führt. Es genügt offenbar, wenn an Stelle des Vektors vom Nullpunkt aus nur sein Endpunkt aufgetragen wird. Den Zeilen entspricht dann eine „Punktwolke" von ebenso vielen Punkten, deren geometrische Verteilung studiert wird. Für rein zufällige Ordinaten haben diese Punktwolken dieselben Eigenschaften wie die Verteilung der Einschüsse auf einer Schießscheibe, wenn nach dem Mittelpunkt gezielt wird und kleine regellose Abweichungen die Einzelschüsse etwas ablenken. Man kann sich auch mit Vorteil mitunter eine verallgemeinerte Periodenuhr vorstellen; z.B. ist eine sechsdimensionale Periodenuhr diejenige, in der a_1, b_1, a_2, b_2, a_3, b_3 als rechtwinklige Koordinaten erscheinen; die gewöhnliche Periodenuhr für eine

[1] Über harmonische Analyse und Schemata für die praktische Rechnung gibt es viele Anleitungen, z. B. C. Runge und H. König: Numerisches Rechnen. Berlin: Julius Springer 1924; K. Stumpff: Analyse periodischer Vorgänge. Berlin: Gebr. Borntraeger 1927. Beschreibt auch andere Verfahren.

einzige Frequenz ist gewissermaßen eine zweidimensionale Projektion einer mehrdimensionalen. Die in der Fehlertheorie behandelten mehrdimensionalen Gaußschen Verteilungen eignen sich mitunter für die Untersuchung der Punktwolken.

Weil die harmonische Analyse ein linearer Prozeß ist (Superposition), wird der Mittelwert von je h Einzelvektoren erscheinen als Schwerpunkt der h Punkte der Wolke, die von den h Endpunkten gebildet wird. Dieser Schwerpunkt stellt das Ergebnis der harmonischen Analyse der durchschnittlichen Zeile dar. Die Punktwolke für alle Durchschnittszeilen wird also im Verhältnis $1/\sqrt{h}$ gegenüber der Punktwolke für die Einzelvektoren auf den Nullpunkt zu geschrumpft sein, wenn keine reelle Periode vorhanden ist. Wenn aber „Quasi-Persistenz" vorliegt — d.h. wenn etwa die aufeinanderfolgenden Einzelzeilen ähnlichen Verlauf haben —, so tritt die Schrumpfung langsamer ein; weil aufeinanderfolgende Punkte der Wolke dann einander näherliegen als bei zufälliger Verteilung. Bei „Persistenz" — d.h. wenn in allen Zeilen eine konstante periodische Schwankung additiv enthalten ist — schrumpfen die Wolken nicht gegen den Nullpunkt, sondern gegen den Endpunkt des Vektors, der den persistenten Anteil darstellt. Eine große Zahl von Kombinationen und Abarten dieser Hauptfälle sind denkbar und kommen auch vor.

An Stelle der schrumpfenden Punktwolken kann man auch folgende Vorstellung verwenden: die Durchschnittsbildung von h Vektoren entspricht einer Summierung und dann einer Division durch h. Wenn man einfach alle Einzelvektoren nacheinander zu einem Linienzug aneinanderreiht, so kann man daraus die Summen von je h aufeinanderfolgenden Vektoren entnehmen als Verbindungslinien zwischen zwei Knickpunkten dieses Zuges, zwischen denen $(h-1)$ andere Knickpunkte liegen. Für zufällige Aufeinanderfolge ist dieser Linienzug (der „Summations-Vektorenzug") eine „Irrfahrt" (entstanden gedacht dadurch, daß jemand von einem Anfangspunkt d_1 Meter geradeaus geht, dann sich um einen beliebigen Winkel dreht, d_2 Meter weiter geht, sich wieder dreht usw.; ähnlich der Zickzackkurve, die die Orte verbindet, an denen sich ein mikroskopisches Teilchen zu aufeinanderfolgenden Sekunden bei Brownscher Bewegung befindet). Quasi-Persistenz zeigt sich darin, daß aufeinanderfolgende Vektoren die Tendenz haben, in gleicher Richtung zu verlaufen; Persistenz äußert sich darin, daß in allen Vektoren eine Richtung mehr oder weniger stark überwiegt, oder auch nur ein zusätzlicher konstanter Vektor enthalten ist.

Als Triumph des $1/\sqrt{h}$-Gesetzes erscheint der Nachweis der mondentägigen Gezeitenwelle im Luftmeer, aus Luftdruckablesungen berechnet. Wenn der Mond am höchsten oder am tiefsten (unter dem Horizont) steht, ist in Berlin der Luftdruck um rd. $^1/_{50}$ Millimeter Quecksilber höher als wenn der Mond auf- oder untergeht. Obwohl nun die Ablesegenauigkeit des Barometers nur 0,1 mm beträgt und die Schwankungen des Luftdruckes, die mit den Witterungserscheinungen verbunden sind, über 40 mm hinausgehen, gelingt es doch, durch Zusammenfassung von 66-jährigen Beobachtungen die kleine halbtägige Welle einwandfrei auf 0,001 mm genau zu berechnen. Man hätte sogar nur auf 1 mm genau abzulesen brauchen!

Als Urbild einer quasipersistenten Welle (im Gegensatz zur persistenten Gezeitenwelle im Luftdruck) ist die 27tägige Wiederkehrtendenz der erdmagnetischen Störungen anzusehen, die von der rd. 27tägigen Rotation der Störungsherde auf der Sonne herrührt.

Die hier nur angedeuteten Methoden, deren großer Anwendungsbereich bisher kaum erschlossen worden ist, sind dargestellt in einem Aufsatz des Verfassers: „Zur Morphologie geophysikalischer Zeitfunktionen“[1]; eine ausführliche Darstellung für die „Ergebnisse der Mathematik“ (Beihefte zum „Zentralblatt der Mathematik“) ist in Vorbereitung.

---

[1] Erschienen als Sonderausgabe in den Sitzungsberichten der Preuß. Akad. der Wissenschaften Berlin, Phys.-Math. Klasse 1935, XXX. Die im Vortrag gezeigten Beispiele für Punktwolken usw. sind veröffentlicht in der Zeitschrift Terrestrial Magnetism and Atmospheric Electricity 40, (1935) 1—60. Über die Wiederkehrtendenz vgl. auch den „Überblick über die Physik der hohen Atmosphäre“, Sonderheft z. Bd. 10 der Elektr. Nachr.-Techn., Berlin 1933. Über atmosphärische Gezeiten vgl. Naturwiss. 15, (1927), 860—865, oder Wien-Harms: Handb. Exp.-Phys. 25, Teil 1, 161—210, Leipzig 1928.

Wahrscheinlichkeitsgesetze und Schwankungserscheinungen in der Physik.

Von **R. Becker** (ausgearbeitet von **W. Döring**).

Bei einer Übersicht über das Auftreten von Wahrscheinlichkeitsgesetzen in der Physik kann man drei verschiedene Anwendungsgebiete gegeneinander abgrenzen, die wir stichwortartig als „Fehlertheorie", „statistische Mechanik" und „Quantentheorie" kennzeichnen können. Diese drei Gebiete sind zugleich charakteristisch für die im Laufe der letzten Jahrzehnte erfolgte Vertiefung unserer Einblicke in das Wesen der physikalischen Vorgänge. In immer zunehmendem Maße haben wir erkannt, daß zahlreiche Gesetze, denen man früher exakte Gültigkeit zuschrieb, in Wirklichkeit Aussagen über Mittelwerte sind, von denen im Einzelfall mehr oder weniger große Abweichungen auftreten können. Die moderne Quantentheorie ist darin bis zu der Behauptung fortgeschritten, daß die physikalischen Gesetze über das zukünftige Verhalten eines Körpers überhaupt nur Wahrscheinlichkeitsangaben liefern können, unter denen eine sichere Aussage als seltener Sonderfall enthalten ist. Es soll versucht werden, diese Entwicklung der Physik an einigen typischen Beispielen deutlich zu machen.

In dem Gebiet, das wir als „Fehlertheorie" gekennzeichnet haben, wird im allgemeinen die strenge Gültigkeit der Gesetze der makroskopischen Kontinuumsphysik angenommen in dem Sinne, daß durch Angabe einiger weniger für den Ausgangszustand charakteristischer Zahlen der weitere Ablauf eines Ereignisses eindeutig und streng vorgegeben ist. Ein Beispiel aus der Ballistik möge dies erläutern. Man nimmt an, daß die Bahn des Geschosses festgelegt ist durch die Abschußdaten wie Pulverladung, Geschoßgewicht, Abschußwinkel, Luftdruck, Windgeschwindigkeit usw. Wenn trotzdem im Trefferbild eine Streuung beobachtet wird, so liegt das daran, daß bei einer Serie von Schüssen diese Abschußdaten nicht genau gleich waren. Zwei noch so sorgfältig abgewogene Pulvermengen sind ja niemals wirklich ganz gleich usw. Eine Aufgabe der Fehlertheorie wäre es in diesem Falle, die Streuung im Trefferbild zu begründen aus der Streuung in diesen Abschußdaten, wobei vorausgesetzt wird, daß bei wirklich gleichen Abschußdaten auch die Geschoßbahn in allen Punkten genau gleich ist. Derartige Anwendungen der Wahrscheinlichkeitsrechnung sind in den vorigen Abschnitten bereits mehrfach erörtert worden und sind heute jedem Techniker geläufig, so daß wir von einer genaueren Behandlung hier absehen können.

Eine verfeinerte Betrachtung obigen Beispiels führt uns nun sofort zu der vertieften Auffassung des physikalischen Geschehens, die die Grundlage der statistischen Mechanik bildet. Wir wissen heute, daß die oben mit Abschußdaten bezeichneten Größen die Geschoßbahn keineswegs ganz genau festlegen. Denn die Materie besteht ja aus Atomen. Die Kraft, die z.B. die Luft auf das Geschoß ausübt, ist strenggenommen noch nicht dadurch bestimmt, daß wir den Druck des Gases an jeder Stelle der Oberfläche kennen. Der Druck ist ja nur das zeitliche Mittel der Kraft des Gases pro Flächeneinheit. Da diese Kraft sich aus vielen einzelnen Molekülstößen zusammensetzt, ist ihr Verlauf in Wirklichkeit eine außerordentlich zackige Funktion der Zeit, die durch Angabe ihres Mittelwertes nur recht grob wiedergegeben wird. Bei einem wirklichen Geschoß sind allerdings zu einer beobachtbaren Änderung der Bewegung so ungeheuer viele Stöße notwendig, daß es praktisch nichts ausmacht, ob ich bei der Berechnung der Geschwindigkeitsänderung in einem kleinen Zeitintervall das Zeitintegral der wirklichen Kraft oder ihres Mittelwertes einsetze. Betrachten wir aber ein so kleines Teilchen, daß schon der Stoß weniger Moleküle die Bewegung merklich beeinflussen kann, so muß dieses Teilchen wegen der unregelmäßigen Aufeinanderfolge dieser Stöße eine zitternde Bewegung ausführen. Das hat man in der Tat an submikroskopisch kleinen Teilchen beobachtet. Unter dem Namen „Brownsche Molekularbewegung“ ist diese Tatsache in der Physik seit langem bekannt. In solch einem Falle ist die Angabe des Gasdruckes zur Berechnung der Bewegung natürlich völlig unzureichend. Die Gesetze der Kontinuumsphysik versagen hier gänzlich, wo die Wirkungen einzelner Moleküle bemerkbar werden.

Die Aufgabe der statistischen Mechanik ist es nun, aus den Eigenschaften der Atome und den als bekannt angenommenen Gesetzen ihrer Wechselwirkung die Eigenschaften der Materie und die Gesetze der Makrophysik zu begründen. Letztere nehmen dabei im allgemeinen die Gestalt einer Beziehung zwischen Mittelwerten über Atomgrößen an. Darüber hinaus sind in der statistischen Mechanik auch die Grenzen der Anwendbarkeit dieser Gesetze zu bestimmen, die durch die zu erwartenden Schwankungen um diese Mittelwerte gegeben sind. In Fällen, wo solche Mittelwertsgesetze keine ausreichende Beschreibung mehr liefern, sind andere experimentell prüfbare Durchschnittsaussagen zu gewinnen. Im Falle der Brownschen Molekularbewegung ist etwa das mittlere Verhalten vieler Zickzackbahnen zu berechnen. Denn eine strenge Berechnung einer einzelnen Bahn ist wegen der Vielzahl der Moleküle praktisch natürlich undurchführbar, wenn auch daran festgehalten wird, daß sie im Prinzip möglich ist. Dem atomaren Einzelprozeß wird im Rahmen dieser Theorie keinerlei statistischer Charakter zugeschrieben. Für ihn wird die strenge Gültigkeit der klassischen Mechanik und Elektrodynamik angenommen. Wenn wir imstande wären, in einem Augenblick die Lagen und Geschwindigkeiten sämtlicher beteiligter Moleküle zu bestimmen und diese ungeheuer vielen Anfangsdaten rechnerisch zu verwerten, würde man eine strenge Aussage über die Bewegung des beobachteten Teilchens machen können. Nur deshalb, weil unsere technischen und mathematischen Hilfsmittel diese Aufgabe nicht bewältigen können, greifen wir zu Durchschnittsaussagen.

Eine grundsätzlich andere Auffassung wird in dieser Hinsicht in der modernen Quantentheorie eingenommen. Die genauere Erforschung der Atome und ihrer Wechselwirkungen hat uns gezeigt, daß schon der atomare Einzelprozeß eine statistische Behandlung erfordert. Zunächst erscheint auch hier der Verzicht auf strenge Aussagen über den Ablauf eines Elementarprozesses als eine Folge der Unvollkommenheit unserer Hilfsmittel, wenn auch von ganz anderer Art als in der statistischen Mechanik. Denn bei allen Messungen können wir nur mit den Bausteinen unserer realen Welt, Atomkernen, Elektronen und Licht operieren, und da diese Dinge eine korpuskulare Struktur besitzen, sind wir selbst mit technisch denkbar vollkommenen Hilfsmitteln nicht imstande, etwa Ort und Geschwindigkeit eines Elektrons gleichzeitig genau zu messen. Bei der Messung der einen Größe machen wir wegen der unvermeidbar damit verbundenen Störung das Ergebnis der Messung der anderen Größe mehr oder weniger hinfällig. Da also schon der Anfangszustand nicht genau festzustellen ist, kann natürlich auch die weitere Bewegung nicht exakt vorausgesagt werden. Es gelingt nur anzugeben, mit welcher Wahrscheinlichkeit man bei späteren Messungen das Elektron an einem Orte finden wird. Diese Wahrscheinlichkeitsverteilungen sind aber in der Quantentheorie viel tiefer mit den Vorgängen verknüpft, als es hiernach den Anschein hat. In die Gesetze, mit denen uns die Beschreibung der Atomvorgänge gelungen ist, gehen nur noch Wahrscheinlichkeitsfunktionen ein, und zwar in einer solchen Weise, daß eine kausale Beschreibung im üblichen Sinne nicht mehr möglich erscheint. Erst der grundsätzliche Verzicht darauf hat uns eine widerspruchsfreie Behandlung der Naturprozesse im Bereiche der Atome möglich gemacht.

I. Wahrscheinlichkeitsgesetze in der statistischen Mechanik.

Den natürlichen Ausgangspunkt der statistischen Mechanik bildet die kinetische Gastheorie. Danach besteht ein Gas aus sehr vielen gleichen Molekülen, die sich regellos durcheinander bewegen und — von gelegentlichen Zusammenstößen abgesehen — keine Kräfte aufeinander ausüben. Die Bahn eines Moleküls ist dann eine aus geradlinigen Stücken zusammengesetzte Zickzacklinie. Es gilt nun zu zeigen, daß solch ein Modell gerade die Eigenschaften der wirklichen Gase besitzt. Wir wollen insbesondere das Zustandekommen des Gasdruckes betrachten, der als das Ergebnis der Molekülstöße auf die Wandung erklärt wird. Denken wir uns ein Stück der Wand als Stempel der Fläche F beweglich (Abb. 23), so wird dieser von den Molekülen fortgestoßen werden, wenn man nicht von außen gegen den Stempel drückt. Ist K gerade die Kraft, die die Bewegung des Stempels verhindert, so ist $p = \frac{K}{F}$ definitionsgemäß der Gasdruck.

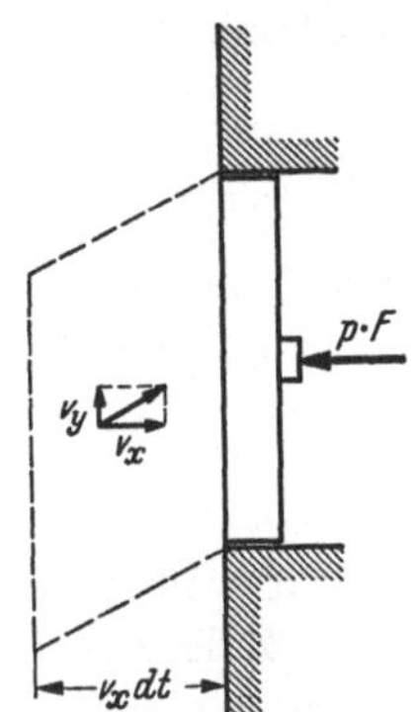

Abb. 23. Zur Berechnung des Gasdruckes.

Nun ist es natürlich völlig unmöglich und für die Berechnung des Gasdruckes auch gar nicht nötig, jede einzelne Molekülbahn zu berechnen. Es genügt dazu schon eine mehr summarische Beschreibung des Bewegungszustandes des Gases durch die Verteilungsfunktion der Molekülgeschwindigkeiten $f(v_x, v_y, v_z)$. Sie ist dadurch definiert, daß

$$dn = f(v_x, v_y, v_z)\, dv_x\, dv_y\, dv_z$$

die mittlere Anzahl der Moleküle in cm³ ist, deren rechtwinklige Geschwindigkeitskomponenten in dem Intervall v_x bis $v_x + dv_x$, v_y bis $v_y + dv_y$, v_z bis $v_z + dv_z$ liegen. Wir bestimmen nun den Impuls, den die Moleküle in der Zeit dt im Mittel an den Stempel übertragen. Die Stempelfläche stehe senkrecht zur x-Achse. Ein Molekül der Masse m mit der Geschwindigkeitskomponente v_x senkrecht zum Stempel überträgt beim elastischen Aufprall den Impuls $2mv_x$. Alle Moleküle des oben hervorgehobenen Geschwindigkeitsintervalles, die in der Zeit dt auf den Stempel treffen, müssen sich nun zu Anfang dieser Zeit in einem schiefen Zylinder mit dem Querschnitt F und der Höhe $v_x dt$ vor dem Stempel befunden haben. Ihre mittlere Anzahl ist also

$$F v_x dt \cdot f(v_x, v_y, v_z)\, dv_x\, dv_y\, dv_z.$$

Der von ihnen übertragene Impuls ist demnach

$$2mv_x \cdot F v_x dt \cdot f(v_x, v_y, v_z)\, dv_x\, dv_y\, dv_z.$$

Durch Integration über alle v_y und v_z und positive v_x erhalte ich daraus den von allen Molekülen in der Zeit dt übertragenen Impuls. Der von der konstanten Kraft $p \cdot F$ in der Zeit dt übertragene Impuls $p \cdot F \cdot dt$ muß jenem gleich sein, da die Bewegung des Stempels dadurch gerade verhindert werden soll. Nach Wegheben des Faktors $F dt$ auf beiden Seiten der Gleichung erhält man also als Gleichung für den Gasdruck

$$p = \iint\limits_{v_y,\, v_z = -\infty}^{+\infty} \int\limits_{v_x = 0}^{\infty} 2m v_x^2 f(v_x, v_y, v_z)\, dv_x\, dv_y\, dv_z\,. \tag{1}$$

Da in einem makroskopisch ruhenden Gase keine Geschwindigkeitsrichtung ausgezeichnet ist, muß gelten $f(v_x, v_y, v_z) = f(-v_x, v_y, v_z)$, so daß man in Gl. (1) auch über v_x von $-\infty$ bis $+\infty$ integrieren und dafür den Faktor 2 fortlassen kann. Die Zahl der Moleküle im cm³ sei n:

$$n = \iiint_{-\infty}^{+\infty} f(v_x, v_y, v_z)\, dv_x\, dv_y\, dv_z\,.$$

Führt man nun den Mittelwert des Quadrates von v_x ein,

$$\overline{v_x^2} = \frac{1}{n} \cdot \iiint_{-\infty}^{+\infty} v_x^2\, f(v_x, v_y, v_z)\, dv_x\, dv_y\, dv_z\,,$$

und berücksichtigt man ferner die aus der Gleichwertigkeit aller Richtungen folgende Beziehung $\overline{v_x^2} = \overline{v_y^2} = \overline{v_z^2} = \frac{1}{3}\,\overline{(v_x^2 + v_y^2 + v_z^2)} = \frac{1}{3}\,\overline{v^2}$, so geht Gl. (1) über in die bekannte Gleichung:

$$p = \tfrac{1}{3}\, n m \overline{v^2}\,. \tag{2}$$

Wir wollen diesen Ausdruck noch etwas umformen, indem wir statt n die Zahl der Moleküle im Mol, L, einführen. Diese fundamentale Größe der statistischen Mechanik nennt man die Loschmidtsche Zahl. Sie hat den Wert:

$$L = 6{,}02 \cdot 10^{23}.$$

Dieser Zahlenwert ist für das Folgende aber noch unwichtig. Es sei V das Molvolumen. Wegen $n = \frac{L}{V}$ folgt dann aus Gl. (2)

$$pV = \tfrac{1}{3}\, L m \overline{v^2}\,. \tag{2a}$$

Andrerseits gilt empirisch für ideale Gase die Zustandsgleichung

$$pV = RT = LkT. \tag{3}$$

(R: Gaskonstante pro Mol; T: absolute Temperatur.)

Dabei ist $k = \frac{R}{L} = 1{,}37 \cdot 10^{-16}$ Erg/Grad die Gaskonstante pro Molekül, die man die Boltzmannsche Konstante nennt. Durch Vereinigung der kinetischen Gl. (2a) mit der empirischen Gl. (3) erhält man für die mittlere kinetische Energie des Moleküls

$$\tfrac{1}{2}\, m\overline{v^2} = \tfrac{3}{2}\, kT. \tag{4}$$

Daraus folgt sofort eine wichtige Konsequenz der kinetischen Theorie. Nach unseren heutigen Vorstellungen ist nämlich die sich als Wärme äußernde Energieform einfach die Energie der unregelmäßigen Bewegung der Moleküle. Besteht nun in einem Gase die gesamte innere Energie E aus der kinetischen Energie der Translationsbewegung der Moleküle, so erhält man, bezogen auf ein Mol:

$$E = \tfrac{1}{2}\, L m\overline{v^2} = \tfrac{3}{2}\, RT. \tag{4a}$$

Zur Erwärmung eines Moles um ein Grad ist demnach die Energiezufuhr

(5) $$C_v = \tfrac{3}{2} R$$

nötig. Das ist aber gerade der Wert, den man für die spezifische Wärme bei allen einatomigen Gasen findet. Auch die Temperaturunabhängigkeit dieses Wertes bestätigt sich. Dieses Ergebnis bildete den ersten großen Erfolg der kinetischen Gastheorie. Daß bei mehratomigen Gasen ein anderer Zahlenwert gefunden wird, ist hiernach ebenfalls verständlich, da wir die kinetische Energie der Rotations- und Schwingungsbewegung nicht berücksichtigt haben.

Wir wollen uns mit diesem einen Beispiel der Herleitung von Materieeigenschaften aus atomaren Größen begnügen und uns nunmehr den Schwankungserscheinungen zuwenden. Zunächst wollen wir die Energieschwankungen behandeln. Diese sind leicht zu berechnen, wenn uns die Geschwindigkeitsverteilung $f(v_x, v_y, v_z)$ bekannt ist. Ihre Herleitung gelang erstmalig Maxwell mit Hilfe einiger spezieller Annahmen und in voller Allgemeinheit nach ihm Boltzmann. Sie fanden, daß $f(v_x, v_y, v_z)$ die Form $Ce^{-\alpha(v_x^2 + v_y^2 + v_z^2)}$ haben müsse, wobei C und α zwei Konstanten sind. Ihre Bestimmung ist dann leicht möglich aus den beiden Bedingungen

$$n = \iiint\limits_{-\infty}^{+\infty} f(v_x, v_y, v_z)\, dv_x\, dv_y\, dv_z$$

und $$\frac{1}{2} m\overline{v^2} = \frac{3}{2} kT. \qquad \text{[Gl. (4)]}$$

Man erhält:

(6) $$f(v_x, v_y, v_z) = n \cdot \sqrt{\frac{m}{2\pi kT}}^{\,3}\, e^{-\frac{m}{2kT}(v_x^2+v_y^2+v_z^2)}.$$

Dies Ergebnis können wir so formulieren:

Die Wahrscheinlichkeit $W(v_x, v_y, v_z)\, dv_x dv_y dv_z$, die Geschwindigkeitskomponenten eines Gasmoleküls bei einer Messung in dem Intervall v_x bis $v_x + dv_x$, v_y bis $v_y + dv_y$, v_z bis $v_z + dv_z$ zu finden, ist

(6a) $$W(v_x, v_y, v_z)\, dv_x dv_y dv_z = \text{konst.}\, e^{-\frac{\varepsilon}{kT}}\, dv_x\, dv_y\, dv_z.$$

Darin ist $\varepsilon = \frac{m}{2}(v_x^2 + v_y^2 + v_z^2)$ die kinetische Energie des Moleküls. In dieser Form werden uns die Wahrscheinlichkeitsaussagen der statistischen Mechanik noch mehrfach begegnen. Der konstante Faktor bestimmt sich in diesem wie in allen folgenden Fällen daraus, daß die Summe aller Wahrscheinlichkeiten 1 sein muß.

$$\iiint\limits_{-\infty}^{+\infty} W(v_x, v_y, v_z)\, dv_x\, dv_y\, dv_z = 1.$$

W ist bis auf den Faktor n mit f identisch.

Aus der Geschwindigkeitsverteilung können wir nun leicht die Energieverteilung der Gasmoleküle berechnen. Fragen wir nach der Wahrscheinlichkeit $w(\varepsilon)\,d\varepsilon$, die kinetische Energie eines Moleküls zwischen den Grenzen ε bis $\varepsilon + d\varepsilon$ zu finden, so haben wir nur $W(v_x, v_y, v_z)$ zu integrieren über alle Geschwindigkeiten des Intervalles

$$\varepsilon \leqq \frac{m}{2}(v_x^2 + v_y^2 + v_z^2) \leqq \varepsilon + d\varepsilon .$$

Da der Integrand $W(v_x, v_y, v_z)$ in diesem Gebiet konstant ist, braucht man nur $W(v_x, v_y, v_z)$ mit dem Volumen dieser Kugelschale zu multiplizieren und erhält

$$W(\varepsilon)\,d\varepsilon = \text{konst.} \cdot e^{-\frac{\varepsilon}{kT}} \sqrt{\varepsilon}\, d\varepsilon . \tag{7}$$

Daraus folgen nun leicht die gesuchten Energieschwankungen, und zwar zunächst für das einzelne Molekül. Als geeignetes Maß pflegt man das quadratische Streuungsmaß $\overline{(\varepsilon - \overline{\varepsilon})^2} = \overline{\varepsilon^2} - \overline{\varepsilon}^2$ zu benutzen. Für die Mittelwerte $\overline{\varepsilon}$ und $\overline{\varepsilon^2}$ folgt aus obigem Verteilungsgesetz sofort

$$\overline{\varepsilon} = \frac{\int\limits_0^\infty \varepsilon\, e^{-\frac{\varepsilon}{kT}} \sqrt{\varepsilon}\, d\varepsilon}{\int\limits_0^\infty e^{-\frac{\varepsilon}{kT}} \sqrt{\varepsilon}\, d\varepsilon} = \frac{3}{2} kT \quad \text{und} \quad \overline{\varepsilon^2} = \frac{\int\limits_0^\infty \varepsilon^2 e^{-\frac{\varepsilon}{kT}} \sqrt{\varepsilon}\, d\varepsilon}{\int\limits_0^\infty e^{-\frac{\varepsilon}{kT}} \sqrt{\varepsilon}\, d e} = \frac{15}{4} (kT)^2$$

und für die relative Schwankung demnach

$$\frac{\overline{\varepsilon^2} - \overline{\varepsilon}^2}{\overline{\varepsilon}^2} = \frac{2}{3}. \tag{8}$$

Die Energie eines einzelnen Moleküls ist also relativ sehr großen Schwankungen unterworfen. Das ist schließlich auch nicht verwunderlich, da sie sich bei einem einzigen Zusammenstoß mit einem anderen Molekül schon völlig ändern kann.

Genau so können wir nun auch die Schwankungen der Gesamtenergie von n Molekülen berechnen. Ist n von der Größenordnung der Loschmidtschen Zahl, so müssen diese sehr klein sein, denn unsere Erfahrung sagt uns, daß sich in einem großen Gasvolumen makroskopisch gesehen die Energie gleichmäßig verteilt. Wenn man irgendwie zwei gleich große Mengen aus dem Gas herausnimmt, findet man praktisch stets den gleichen Energieinhalt.

Zur Berechnung fragen wir zunächst nach der Wahrscheinlichkeit, die Energie von Molekül 1 zwischen ε_1 und $\varepsilon_1 + d\varepsilon_1$, die von Molekül 2 zwischen ε_2 und $\varepsilon_2 + d\varepsilon_2$ usw. zu finden. Diese ist einfach gleich dem Produkt der Einzelwahrscheinlichkeiten

$$\text{konst.}\; e^{-\frac{1}{kT}(\varepsilon_1 + \varepsilon_2 + \dots + \varepsilon_n)} \sqrt{\varepsilon_1} \cdot \sqrt{\varepsilon_2} \cdot \sqrt{\varepsilon_3} \cdots \sqrt{\varepsilon_n}\, d\varepsilon_1\, d\varepsilon_2 \cdots d\varepsilon_n .$$

Durch Integration über alle ε_i über das Wertegebiet $E \leq \sum_i \varepsilon_i \leq E + dE$ erhalte ich daraus die Wahrscheinlichkeit $W(E)\,dE$, die Gesamtenergie E im Intervall E bis $E + dE$ zu finden, gleichgültig wie sie sich auf die einzelnen Moleküle verteilt. Die Rechnung ist elementar ausführbar und ergibt:

$$(9) \qquad W(E)\,dE = \text{konst.}\, e^{-\frac{E}{kT}}\, E^{\frac{3n}{2}-1} dE\,.$$

Daraus kann man nun leicht $\overline{E}$ und $\overline{E^2}$ berechnen und erhält für das relative Schwankungsmaß

$$(10) \qquad \frac{\overline{E^2} - \overline{E}^2}{\overline{E}^2} = \frac{1}{\frac{3}{2}n}\,.$$

Für andere Energieanteile außer der hier betrachteten kinetischen Energie der fortschreitenden Bewegung, die in allgemeineren Fällen hinzukommen, gelten ähnliche Gleichungen. Wegen der Größe der Molekülzahl n sind also in allen praktischen Fällen diese Schwankungen unbeobachtbar klein. Dies Ergebnis bestätigt die Richtigkeit der in der Thermodynamik stets benutzten Annahme, daß ein Körper, dessen Temperatur durch Berührung mit einem Wärmebad vorgegeben ist, eine ganz bestimmte innere Energie annimmt. Streng genommen ist nur der Mittelwert dadurch festgelegt. Bei makroskopischen Körpern ist wegen der Kleinheit der Schwankungen der wirkliche Energiewert in jedem Augenblick prozentual nur verschwindend wenig vom Mittelwert verschieden. Für ein einzelnes Molekül ist zwar durch die Temperatur auch noch der Energiemittelwert festgelegt. Wir hatten den Anteil der kinetischen Energie der Translation oben berechnet [Gl. (4)] $\overline{\varepsilon} = \frac{3}{2}kT$. Wegen der relativen Größe der Schwankungen ist aber damit über den wirklichen Energiewert in einem bestimmten Augenblick nicht viel gesagt.

Es ist charakteristisch für die obige Schwankungsgleichung, daß die Zahl der beteiligten Moleküle explizit darin vorkommt. Das Auftreten der Schwankungen ist ja in der Endlichkeit der Molekülzahl begründet. Man könnte daran denken, durch eine Messung dieser Schwankungen die Loschmidtsche Zahl zu bestimmen. In diesem speziellen Falle wäre die Durchführung wohl etwas schwierig. Sie ist aber gelungen in einem ähnlichen Falle, den wir nun betrachten wollen, nämlich an den Schwankungen der potentiellen Energie kleiner Teilchen. Wir wollen im besonderen die Verteilung von Teilchen der Masse m im Schwerefeld untersuchen. Denken wir zunächst an Moleküle, so ist uns geläufig, was eintreten wird. Die Schwerkraft sucht die Moleküle am Boden in der Höhe $h = 0$ anzuhäufen. Dem wirkt die thermische Bewegung der Moleküle entgegen, die sie immer wieder auseinandertreibt. Unter der Konkurrenz der Wirkung der Schwerkraft und der „Temperatur“ stellt sich im Gleichgewicht schließlich eine mit der Höhe abnehmende Dichteverteilung ein, die uns als barometrische Höhenverteilung bekannt ist.

Man kann sie so schreiben:

$$(11) \qquad n = n_0 \cdot e^{-\frac{mgh}{kT}}.$$

Dabei ist n die Zahl der Moleküle pro cm^3 in der Höhe h und n_0 dieselbe Zahl am Boden. m ist die Molekülmasse und g die Erdbeschleunigung, so daß also mgh die potentielle Energie eines Moleküls ist. Erweitert man im Exponenten mit der Loschmidtschen Zahl und berücksichtigt ferner, daß n proportional dem Druck ist, so erhält man aus obiger Gleichung sofort die übliche Gestalt der barometrischen Höhenformel

$$(11\text{a}) \qquad p = p_0 \cdot e^{-\frac{Mgh}{RT}}. \quad (M = \text{Molekulargewicht.})$$

Wir können dies Ergebnis, ähnlich wie bei der Maxwellschen Geschwindigkeitsverteilung, auch in die Form folgender Wahrscheinlichkeitsaussage kleiden: Die Wahrscheinlichkeit, ein Molekül in dem Volumenelement $d\tau$ zu finden, ist proportional $e^{-\frac{\varphi}{kT}} d\tau$, wobei φ die potentielle Energie in diesem Volumenelement ist. In dieser Form gilt der Satz, wie in der statistischen Mechanik gezeigt wird, nicht nur für Moleküle, sondern auch für die Schwerpunktsverteilung beliebiger Körper und auch für beliebige andere potentielle Energien, nicht nur für die der Schwerkraft. Im Prinzip können wir diesen Satz auch auf Ziegelsteine anwenden. Auch der Schwerpunkt eines Ziegelsteines, der am Boden ruht, liegt streng genommen nicht ganz still, sondern macht wegen der thermischen Unruhe der Moleküle eine tanzende Bewegung über seiner tiefsten Lage. Wir können seine mittlere Höhe leicht berechnen. Nach obiger Wahrscheinlichkeitsverteilung erhalten wir

$$(12) \qquad \bar{h} = \frac{\int\limits_0^\infty h\, e^{-\frac{mgh}{kT}}\, dh}{\int\limits_0^\infty e^{-\frac{mgh}{kT}}\, dh} = \frac{kT}{mg} \quad \text{oder} \quad \bar{\varphi} = mg\bar{h} = kT.$$

Während sich für Luftmoleküle bei Zimmertemperatur $\bar{h} \approx 8000$ Meter ergibt, ist bei einem Ziegelstein wegen seiner großen Masse $\bar{h}$ unvorstellbar klein. Es ist ungeheuer unwahrscheinlich, daß ein Ziegelstein einmal ein merkliches Stück hochfliegt, weil zufällig unter ihm lauter schnelle Moleküle auf ihn stießen und über ihm nur langsame. Nun braucht man aber mit der Größe der Teilchen noch nicht zu atomaren Dimensionen herabzusteigen, damit $\bar{h}$ in eine meßbare Größenordnung kommt. An mikroskopisch noch sichtbaren Teilchen, die in einer Flüssigkeit suspendiert sind, kann man ein $\bar{h}$ von einigen Millimetern erreichen. Diesen Versuch hat nun Perrin zu einer Methode der Bestimmung der Loschmidtschen Zahl ausgebaut. Durch fraktioniertes Zentrifugieren stellte er sich viele solche Partikelchen von nahezu gleicher Größe her. Nachdem er die Einstellung der stationären Verteilung abgewartet hatte, konnte er im Mikroskop durch Auszählen in verschiedenen Höhen das exponentielle Abnehmen ihrer Zahl mit h feststellen. Auf diese Weise erhielt er den Koeffizienten im Exponenten $\frac{kT}{mg} = \overline{h}$. Es gelang ihm auch, die Masse m zu bestimmen. Damit ergibt sich k und wegen $k = \frac{R}{L}$ somit die Loschmidtsche Zahl. Wenn auch diese Methode hinsichtlich der Genauigkeit des Ergebnisses heute durch andere Methoden lange überholt ist, so bleibt sie doch von großer Bedeutung als anschaulicher Beweis für die Richtigkeit obiger Überlegungen.

In einem Falle sind derartige Schwankungen sogar technisch von gewisser Wichtigkeit. Der Empfindlichkeitssteigerung von hochempfindlichen Galvanometern durch Verkleinerung der Direktionskraft des Aufhängesystems ist nämlich dadurch eine Grenze gesetzt. Es gilt auch hier genau wie bei den Teilchen im Schwerefeld, daß die mittlere potentielle Energie gegenüber der Ruhelage von der Größenordnung kT ist. Ist also D das Direktionsmoment und α die Auslenkung aus der Nullage, so gilt:

$$D\overline{\alpha^2} \sim kT. \tag{13}$$

Da die Schwankungen unter einer gewissen Grenze bleiben müssen, wenn eine Ablesung noch möglich sein soll, kann man demnach D nicht beliebig klein machen. Man hat diese theoretische Empfindlichkeitsgrenze bei den feinsten Galvanometern heute bereits erreicht.

Neben den Schwankungen der Energie, die wir bisher betrachtet haben, sind die Schwankungen der Entropie von besonderer Wichtigkeit. Durch ihr Auftreten ist die Gültigkeitsgrenze des zweiten Hauptsatzes der Thermodynamik festgelegt. Während der erste Hauptsatz von der Erhaltung der Energie auch im atomaren Geschehen streng gültig bleibt, gibt es für Prozesse zwischen einzelnen Atomen einen zweiten Hauptsatz nicht. Sein Anwendungsbereich ist ausschließlich auf Prozesse beschränkt, bei denen sehr viele Moleküle beteiligt sind.

Wir wollen diese Verhältnisse an dem Beispiel der Dichteschwankungen eines Gases näher erläutern. Das Gas bestehe aus n Molekülen und befinde sich in einem Gefäß vom Volumen V_0. Es füllt das Gefäß dann gleichmäßig aus. Insbesondere kommt es nach dem zweiten Hauptsatz niemals vor, daß es sich etwa spontan auf das kleinere Volumen V_1 zusammenzieht, denn damit wäre eine Entropieverminderung verbunden. Beim Expandieren vermehrt sich ja die Entropie um den Betrag

$$\Delta S = \int_1^0 \frac{dQ}{T} = nk \ln \frac{V_0}{V_1}. \tag{14}$$

Eine spontane Entropieverminderung eines abgeschlossenen Systems ist aber nach dem zweiten Hauptsatz nicht möglich.

Nun ist es jedoch andrerseits vom molekularen Standpunkt her gar nicht einzusehen, warum nicht einmal alle Moleküle sich zufällig im Teilvolumen V_1 versammeln sollten im Widerspruch zum zweiten Hauptsatz. Wir können die Wahrscheinlichkeit für dies Ereignis leicht berechnen. Die Wahrscheinlichkeit, ein bestimmtes Molekül im Teilvolumen V_1 von dem ganzen Volumen V_0 zu finden, ist $\frac{V_1}{V_0}$. Da die n Moleküle sich unabhängig bewegen, ist also die Wahrscheinlichkeit, daß man alle n einmal in V_1 antrifft,

$$W = \left(\frac{V_1}{V_0}\right)^n. \tag{15}$$

Diese Wahrscheinlichkeit ist von Null verschieden. Es werden also mit gewisser Häufigkeit in der Natur auch Vorgänge mit Entropieverminderung vorkommen. Aus unserem Beispiel ergibt sich für die Wahrscheinlichkeit, mit der die Entropieverminderung ΔS vorkommt, der einfache Ausdruck:

$$W = e^{-\frac{\Delta S}{k}}. \tag{16}$$

Es wird in der statistischen Mechanik gezeigt, daß diese Beziehung universell gültig ist. Da also Entropieverminderungen vorkommen, ist es durchaus möglich, ein Perpetuum mobile zweiter Art zu bauen. Es liegt bei unserem Beispiel auf der Hand, wie es zu machen ist. Man wartet, bis einmal zufällig alle Moleküle in V_1 sind. Dann sperrt man V_1 von dem übrigen Raum ab und läßt das Gas unter Arbeitsleistung und Abkühlung der Umgebung wieder auf V_0 expandieren. Dann wartet man aufs neue, bis es sich wieder einmal zufällig auf das kleinere Volumen V_1 zusammengezogen hat usw. Daß es praktisch nicht möglich ist, auf dieser Grundlage eine wirklich arbeitende Maschine zu bauen, liegt nur daran, daß die Wartezeiten ungeheuer lang werden. Nehmen wir etwa an $\frac{V_1}{V_0} = \frac{1}{2}$ und $n = 10^{22}$, so folgt für die Wahrscheinlichkeit, alle Moleküle in der einen Hälfte des Volumens zu finden und in der anderen Hälfte keines:

$$W = \frac{1}{2^{10^{22}}}.$$

Diese Zahl ist nun so unvorstellbar klein, daß unsere Phantasie sich kaum gleich unwahrscheinliche Ereignisse ausdenken kann. Zum Vergleich könnte man etwa Folgendes heranziehen: Eine Schar von Verrückten tippt ohne jeden Sinn und Verstand blindlings auf Schreibmaschinen herum. Mit gewisser Wahrscheinlichkeit kommt dabei ein vernünftiger Satz heraus. Es ist aber sicher sehr unwahrscheinlich, daß sie, sobald die nötige Anzahl von Buchstaben beieinander sind, gerade den Inhalt sämtlicher Bibliotheken der Welt fehlerlos aufgeschrieben haben. Wie man aber leicht überschlägt, ist die Wahrscheinlichkeit für dieses Ereignis unvergleichbar viel größer als die oben ausgerechnete Wahrscheinlichkeit, daß sich ein Gas aus 10^{22} Molekülen spontan auf die eine Hälfte des ihm zur Verfügung stehenden Volumens zusammenzieht. Wenn also der zweite Hauptsatz aussagt, daß das nie vorkommt, so ist das praktisch völlig richtig.

Der Satz, daß in einem sich selbst überlassenen System die Entropie stets zunimmt, wird demnach in der statistischen Mechanik etwas abgeschwächt und kann folgendermaßen ausgesprochen werden: Ist ein Körper, der aus vielen Molekülen besteht, anfänglich in einem Zustand mit merklich kleinerer Entropie als dem Maximalwert bei gegebenen äußeren Bedingungen entspricht, so geschieht es enorm viel häufiger, daß die Entropie im nächsten Augenblick zunimmt, als daß sie sich weiter vermindert. Denn von einem an sich schon recht unwahrscheinlichen Zustand geht das System praktisch immer in wahrscheinlichere Zustände über und fast nie in noch unwahrscheinlichere. Eine merkliche spontane Entropieverminderung ist zwar nicht unmöglich, aber doch so selten, daß sie praktisch niemals vorkommt.

Das alles gilt aber nur für so große Abweichungen der Entropie von dem Maximalwert, wie wir sie oben betrachtet haben, Abweichungen, die sehr groß gegen die Boltzmannsche Konstante sind. Kleine Entropieverminderungen sind dagegen sehr häufig und eine ganze Reihe alltäglicher Erscheinungen ist ursächlich mit ihrem Auftreten verknüpft. Daß man diese kleinen Entropieverminderungen nicht zum Bau eines Perpetuum mobile zweiter Art ausnutzen kann, liegt an ihrer Kleinheit. Der auffälligste Beweis für ihr Vorhandensein ist vielleicht die blaue Färbung des Himmels. Die Streuung des Lichtes in der Atmosphäre ist eine Folge der kleinen Dichteschwankungen, die wegen der Endlichkeit der Molekülzahl allenthalben auftreten. Man kann diese Erscheinung so verstehen, daß infolge der Dichteschwankungen der Brechungsexponent von Ort zu Ort etwas schwankt, und daher wird das Licht teilweise abgelenkt. Die Größe der Lichtstreuung muß also entscheidend mit der Größe der Loschmidtschen Zahl verknüpft sein, wenn diese Auffassung richtig ist. Man hat in der Tat aus solchen Streuungsmessungen eine Bestimmungsmethode der Loschmidtschen Zahl entwickeln können. Das Ergebnis war recht befriedigend. Eine sehr genaue Methode ist es allerdings nicht.

Ein weiteres markantes Beispiel ist die Kondensation von übersättigten Dämpfen. Wenn im homogenen Dampfraum die flüssige Phase entstehen soll, so müssen sich zunächst kleine Tröpfchen bilden. Diese haben aber einen größeren Dampfdruck als die ebene Flüssigkeitsoberfläche. Unterhalb einer gewissen kritischen Größe sind alle Tropfen im übersättigten Dampf instabil und werden, wenn sie entstehen, meist wieder verdampfen. Erst wenn durch eine mit Entropieverminderung verbundene Schwankungserscheinung in merklicher Anzahl Tröpfchen mit größerem als dem kritischen Radius entstehen, wird sichtbar Kondensation einsetzen. Ohne das Auftreten von Schwankungen würden sich in staubfreier Luft niemals Flüssigkeitströpfchen bilden können. Man kann diese Überlegungen quantitativ ausbauen und bestimmen, bei welcher Übersättigung ein paar Tröpfchen pro Sekunde entstehen. Das Ergebnis stimmt recht gut mit der erreichbaren Übersättigung überein.

Zusammenfassend kann man feststellen, daß es der heutigen Physik weitgehend gelungen ist, derartige Schwankungserscheinungen theoretisch zu erfassen. Umwälzende Entdeckungen sind auf diesem Gebiete kaum noch zu erwarten, wenn auch der weitere Ausbau der Einzelheiten noch manches Interessante bringen wird.

II. Wahrscheinlichkeitsgesetze in der Quantentheorie.

Die Wellen-Korpuskel-Natur der Elementarteilchen der Materie und des Lichtes.

Zu Anfang dieses Jahrhunderts galt es für jeden Physiker als eine über jeden Zweifel erhabene Tatsache, daß Licht keine Korpuskularstrahlung, sondern eine Wellenstrahlung sei. Es gab Interferenzversuche in großer Mannigfaltigkeit, die die Wellenlänge jedes Lichtes mit höchster Präzision zu messen gestatteten. Die Versuche von H. Hertz hatten ihren elektromagnetischen Ursprung weitgehend geklärt. Auch heute ist angesichts dieser Tatsachen ein Zweifel an der Wellennatur des Lichtes unmöglich. Mancherlei Experimente haben uns aber in den letzten Jahrzehnten gezeigt, daß diese Auffassung nur die eine Seite der Eigenschaften des Lichtes wiedergibt und daß es andrerseits Vorgänge gibt, bei denen Licht typisch korpuskulare Eigenschaften aufweist. Mit ganzer Schärfe hat das erstmalig A. Einstein erkannt und in dem Satz ausgesprochen: Licht verhält sich bei energetischer Wechselwirkung mit Materie so, als ob es aus Quanten der Energie $h\nu$ bestände. ν ist die Frequenz des Lichtes und h eine universelle Konstante, das Plancksche Wirkungsquantum:

$$h = 6{,}55 \cdot 10^{-27} \text{ Erg} \cdot \text{Sekunden}.$$

Der grundlegenden Wichtigkeit halber wollen wir hier kurz einige Versuche betrachten, die die Existenz der Lichtquanten deutlich hervortreten lassen.

Der bekannteste Beweis ist der Photoeffekt. Läßt man Licht auf Metall auffallen, so werden aus der Oberfläche Elektronen ausgelöst. Vom Standpunkt einer reinen Wellentheorie sollte man vermuten, daß die Geschwindigkeit der Elektronen hierbei um so größer ist, je größer die Amplitude des Lichtes ist. Das Experiment bestätigt das nicht. Bei größerer Intensität wird nur die Zahl der ausgelösten Elektronen vermehrt. Die Geschwindigkeit ist völlig unabhängig von der Intensität nur durch die Frequenz des Lichtes gegeben. Vom Standpunkt der Lichtquantenhypothese ist das sofort verständlich. Jedes einzelne Elektron wird von einem einzelnen Lichtquant herausgeschlagen. Erhöhung der Lichtintensität vermehrt nur die Zahl der auftreffenden Lichtquanten und somit die Zahl der Elementarprozesse in der Zeiteinheit. Die Geschwindigkeit der Elektronen hängt nur von der Größe der Lichtquanten ab, die durch die Frequenz gegeben ist. Bei jedem Absorptionsprozeß nimmt das Elektron die ganze Energie des Lichtquants in Form von kinetischer Energie auf. Beim Austritt aus dem Metall muß es nun die Austrittsarbeit P abgeben. Verliert es weiter keine Energie durch Stoßprozesse mit anderen Elektronen, so hat es außerhalb die maximale kinetische Energie

$$\frac{1}{2}\, m v^2{}_{\max} = h\nu - P. \tag{1}$$

Dieser Zusammenhang zwischen Frequenz und maximaler Geschwindigkeit wird durch das Experiment auf das Genaueste bestätigt.

Der umgekehrte Prozeß, die Umsetzung der kinetischen Energie eines Elektrons in Lichtquanten, ist ebenfalls bekannt. Es ist der Elementarprozeß bei der Erzeugung von Röntgenstrahlen. Die von der Kathode kommenden Elektronen werden in der Röntgenröhre beschleunigt und erreichen, wenn V die an der Röhre liegende Spannung ist, die kinetische Energie $\frac{1}{2}\, m v^2 = e V$ (e = Ladung des Elektrons). Beim Auftreffen auf die Antikathode gibt das Elektron seine kinetische Energie in Form von Strahlung ab. Wird dabei die ganze kinetische Energie in ein Lichtquant umgesetzt, so erhält man das größte Lichtquant, das im ausgesandten Röntgenlicht vorkommen kann:

$$h\nu_{\max} = \frac{1}{2}\, m v^2 = e V. \tag{2}$$

Die Röntgenstrahlung hat demnach eine kurzwellige Grenze, die nur von der Röhrenspannung abhängt:

$$\lambda_{\min} = \frac{c}{\nu_{\max}} = \frac{h c}{e V} = \frac{12340}{V_{(\mathrm{Volt})}}\, \mathring{A}\ [1\, \mathring{A} = 10^{-8}\ \mathrm{cm}]\,. \tag{2a}$$

Die Experimente bestätigen dieses Gesetz quantitativ und liefern für h denselben Wert wie der Photoeffekt.

Nachdem derartige Versuche die Existenz der Lichtquanten deutlich gemacht haben, erscheinen auch andere Versuche, die schon länger bekannt sind, in ganz neuem Lichte. Betrachten wir etwa den Vorgang der Schwärzung der photographischen Platte durch Licht. Im Mikroskop erscheint die photographische Schicht bekanntlich nicht mehr gleichmäßig geschwärzt, sondern zeigt einzelne Silberkörner, die um so dichter liegen, je größer die aufgefallene Lichtmenge ist. Die Größe des einzelnen Silberkornes ist dagegen von der Belichtung völlig unabhängig. Bei schwächerer Belichtung entstehen nicht kleinere Silberkörner, sondern eine kleinere Anzahl von ihnen. Stellen wir uns nun vor, es fiele so wenig Licht auf die Platte, daß die Lichtenergie nur zur Erzeugung von etwa 100 Silberkörnern ausreicht, so ist die auf einen Silberbromidkristall durchschnittlich fallende Energie sicher viel kleiner als die zur Schwärzung nötige Energie. Wenn trotzdem 100 Kriställchen geschwärzt werden und alle übrigen gar nicht, so führt das eigentlich zwangsläufig zu der Feststellung, daß auf diese 100 Kriställchen viel mehr Energie gefallen ist, als dem Durchschnitt entspricht, und auf die anderen dafür gar keine. Das Licht benimmt sich also hierbei so, als ob seine Energie nicht gleichmäßig in der Lichtwelle verteilt sei, sondern in Lichtquanten zusammengeballt.

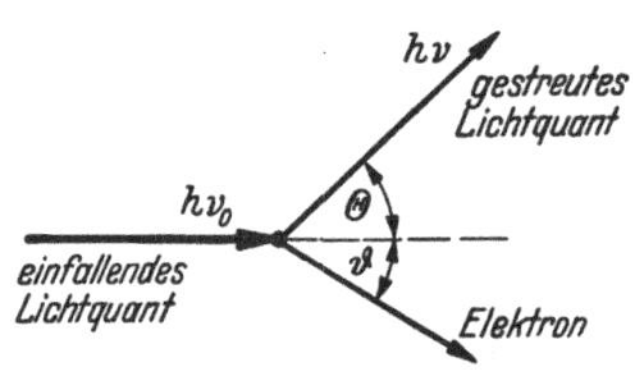

Abb. 24. Zum Compton-Prozeß.

Als viertes Beispiel für die Quantennatur des Lichtes sei noch der Compton-Prozeß der Streuung von Licht an freien Elektronen angeführt. Bei ihm treten die korpuskularen Eigenschaften des Lichtes besonders kraß hervor. Der Satz von der Erhaltung des Impulses ergibt bei seiner Anwendung auf Licht bereits auf Grund der klassischen Maxwellschen Theorie, daß eine elektromagnetische Welle der Energie U einen Impuls der Größe $\frac{U}{c}$ mit sich führen muß (c = Lichtgeschwindigkeit). In der Sprache der Lichtquantenhypothese heißt das, daß ein Lichtquant der Energie $h\nu$ einen Impuls der Größe $\frac{h\nu}{c}$ hat. Wie man nun leicht bestätigt, ist es bei diesem Zusammenhang ohne Verletzung des Energie- oder Impulssatzes nicht möglich, daß ein Lichtquant seine ganze Energie an ein freies Elektron abgibt. Wohl aber kann ein Lichtquant $h\nu_0$ einen Teil seiner Energie an das Elektron abgeben. Dabei wird es selbst als ein Lichtquant $h\nu$ von kleinerer Energie unter einem Winkel Θ gestreut, während das vorher ruhende Elektron in der Richtung ϑ fortgeschleudert wird (Abb. 24). Die Anwendung der Erhaltungssätze für solch einen Stoßprozeß zwischen Lichtquant und Elektron liefert einen Zusammenhang zwischen der Energieänderung des Lichtquants und dem Streuwinkel Θ. Dieser lautet, auf Wellenlängenänderung umgeschrieben:

$$(3) \qquad \lambda - \lambda_0 = \frac{c}{\nu} - \frac{c}{\nu_0} = \frac{h}{m\,c}\,(1 - \cos\Theta) = 0{,}024\,(1 - \cos\Theta)\,\mathring{A}\,.$$

Die Wellenlängendifferenz ist demnach von der Wellenlänge selbst unabhängig. Man muß sie bei sehr kurzwelliger Strahlung beobachten können. Das ist Compton erstmalig gelungen. Das Streulicht von kurzwelliger Röntgenstrahlung an Graphit zeigte eine gegen das eingestrahlte Röntgenlicht verschobene Komponente. Die gefundene Wellenlängenänderung gab eine völlige Bestätigung der obigen Gleichung, ein Beweis, daß eine so robust korpuskulare Auffassung vom Licht bei derartigen Prozessen der Wirklichkeit weitgehend entspricht.

All diese Erfahrungen über die Lichtquanten zwingen uns nun dazu, unsere Auffassung von dem Wesen der Lichtquelle einer Kritik zu unterziehen. Um die Experimente beschreiben zu können, müssen wir dem Licht zwei so widersprechende Eigenschaften wie Wellennatur und Korpuskelnatur zuschreiben. Um zu sehen, wie man diese miteinander vereinbaren kann, wollen wir nunmehr einen Interferenzvorgang unter Berücksichtigung der Quanteneigenschaften des Lichtes betrachten (Abb. 25). Wir nehmen den einfachen Fall der Überlagerung zweier Kugelwellen, die von zwei kleinen Öffnungen in einer beleuchteten Blende ausgehen. Zur Beobachtung sei in einigem Abstand eine photographische Platte aufgestellt. Mit Hilfe der Wellenvorstellung beschreibt man den Vorgang folgendermaßen: Die Kugelwelle, die von Öffnung 1 ausgeht, erzeugt am Orte der photographischen Platte eine Lichterregung, die im wesentlichen durch

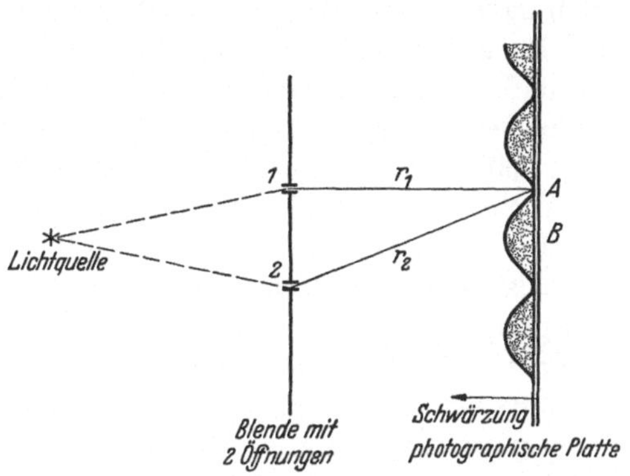

Abb. 25. Zur Interferenz zweier Kugelwellen (schematisch).

$$s = A \sin 2\pi\left(\nu t - \frac{r_1}{\lambda}\right)$$

gegeben ist. Wäre Öffnung 1 allein vorhanden, so wäre die Intensität des Lichtes $\overline{s^2} = \frac{A^2}{2}$, die Platte würde also gleichmäßig geschwärzt. Da nun von beiden Öffnungen kohärente Lichtwellen ausgehen, ist die gesamte Lichterregung gegeben durch

$$(4) \qquad s = A \sin 2\pi\left(\nu t - \frac{r_1}{\lambda}\right) + A \sin 2\pi\left(\nu t - \frac{r_2}{\lambda}\right).$$

Die Intensität ist also

$$(4a) \qquad \overline{s^2} = A^2\left[1 + \cos 2\pi\left(\frac{r_1 - r_2}{\lambda}\right)\right].$$

Sie zeigt die typischen Maxima und Minima einer solchen Interferenzerscheinung, wie sie in Abb. 25 angedeutet sind. An der Stelle A löschen sich die beiden Wellen aus, an der Stelle B verstärken sie sich.

Bekanntlich tritt nun diese Interferenzerscheinung schon bei beliebig kleinen Lichtintensitäten auf. Wenn man entsprechend länger belichtet, bekommt man dieselbe Schwärzung auf der Platte. Sie kann also nicht durch Zusammenwirken mehrerer Lichtquanten zustandekommen, sondern muß schon für das einzelne Lichtquant gelten. Bei Benutzung der Lichtquantenvorstellung muß ich den Vorgang demnach so beschreiben: Ein Lichtquant verläßt die Lichtquelle, tritt durch eine der beiden Öffnungen hindurch und erzeugt auf der Platte einen belichteten Silberbromidkristall. Wo dieser entstehen wird, kann man beim einzelnen Lichtquant nicht sagen, wohl aber kann man eine Wahrscheinlichkeit dafür angeben. Denn wenn viele Lichtquanten die Apparatur durchlaufen haben, muß ja das durch $\overline{s^2}$ gegebene Interferenzbild entstanden sein. Bis auf einen Normierungsfaktor ist also $\overline{s^2}df$ die Wahrscheinlichkeit, daß ein Lichtquant, welches die Apparatur durchläuft, auf dem Flächenelement df einen belichteten Silberbromidkristall erzeugt. s nennt man wegen dieser Deutung auch Wahrscheinlichkeitsamplitude.

Die Beschreibung des Interferenzvorgangs mit Hilfe der Lichtwelle erscheint hiernach etwas unvollständig; denn die Auffassung der Lichtwelle als einer Wahrscheinlichkeitsamplitude für das Auftreten von Lichtquanten sagt nichts Genaues aus über die Bahn des Lichtquantes; sie sagt nichts, durch welche Öffnung das Lichtquant hindurchgetreten ist und wo es im Einzelfall ein Silberkorn erzeugen wird. Man könnte der Meinung sein, daß eine spätere Physik diese Unvollständigkeit einmal beseitigen und genauere Bewegungsgesetze für die Lichtquanten auffinden könnte. Die moderne Quantentheorie macht nun hier die ganz entscheidende Hypothese, daß es physikalisch unmöglich ist, mehr über das Lichtquant und seine Bewegung auszusagen, als in der Angabe einer Wahrscheinlichkeitsamplitude schon enthalten ist. Die Wahrscheinlichkeitsamplitude beschreibt den Vorgang erschöpfend. Es ist auch experimentell nicht möglich, bei obigem Versuch mehr über die Bahn des Lichtquants zu erfahren. Fragen wir etwa danach, durch welche Öffnung das Lichtquant hindurchgetreten ist, so finden wir es bei einem Experiment sicher entweder dicht hinter Loch 1 oder hinter Loch 2, wenn wir dort photographische Platten aufstellen. Aber haben wir es dort gefunden, so haben wir es damit vernichtet, es kann zur Beugungserscheinung nicht mehr beitragen. Man hat in Gedankenexperimenten andere Vorrichtungen ersonnen, die anzeigen, durch welches Loch das Lichtquant hindurchgetreten ist, hat aber immer wieder feststellen müssen: Jede Vorrichtung, die festzustellen gestattet, durch welches Loch das Lichtquant hindurchgetreten ist, stört den Vorgang gerade in einer solchen Weise, daß die Interferenzfigur dadurch vernichtet wird. Man kann also sagen: Die Interferenz ist nur beobachtbar, wenn ich auf die Kenntnis der Bahn des Lichtquants verzichte. Genau das sagt auch die obige Hypothese. Das Auftreten der Interferenz ist ja daran geknüpft, daß die Lichtwelle bei Loch 1 und bei Loch 2 eine nicht verschwindende Intensität hat. Die Wahrscheinlichkeit, das Lichtquant zu finden, muß sowohl bei Loch 1 wie bei Loch 2 von null verschieden sein, wenn Interferenz auftreten soll. Sobald ich die Wahrscheinlichkeit, das Lichtquant hinter Loch 2 zu finden, zu null mache, indem ich etwa Loch 2 zuhalte, sind die Interferenzstreifen nicht mehr vorhanden. Wir werden auf die Folgerungen aus dieser Hypothese noch mehrfach zurückkommen.

Diese ganzen Überlegungen am Lichtquant sind nun deshalb so wichtig, weil sie sich mit nur geringen Abweichungen auf die Verhältnisse bei Elektronen übertragen lassen. Bei den mannigfaltigen Experimenten, die man nach der Entdeckung der Elektronenstrahlen zu ihrer Erforschung anstellte, verhielten sich diese zunächst stets so, wie man es von Korpuskularstrahlen erwartet. Die Elektronen zeigten eine bestimmte, immer gleiche Ladung und Masse. Man konnte ihre Bahnen aus den wirkenden Kräften berechnen und die Richtigkeit in allen Einzelheiten bestätigen. Die Erfahrungen über das Lichtquant führten nun ums Jahr 1925 de Broglie zu der Vermutung, daß diese korpuskulare Auffassung vielleicht ebenso einseitig sei, wie es die Wellenauffassung des Lichtes gewesen ist, und daß die Elektronen womöglich ebenso wie die Lichtquanten Wellen- und Korpuskeleigenschaften in sich vereinigen. Eine theoretische Überlegung führte ihn zu der Behauptung, daß man dann einem Elektron mit der Geschwindigkeit v, also dem Impuls $p = mv$, eine Welle mit der Wellenlänge $\lambda = \frac{h}{p}$ zuordnen müsse, wenn diese Analogie möglich sein sollte. Versuche von Davisson und Germer in dieser Richtung ergaben, daß die demnach zu erwartenden Interferenzerscheinungen an Elektronenstrahlen tatsächlich auftreten. Heute ist die de Brogliesche Gleichung bereits vielfach bestätigt. Elektroneninterferenzen sind heute kaum weniger gut zu erzeugen als Röntgenstrahlinterferenzen und werden sogar schon zu Materialuntersuchungszwecken herangezogen.

Es lassen sich demnach die Überlegungen am Licht fast vollständig auf Elektronen übertragen. Auch den Elektronen wird man eine Welle zuordnen müssen mit der Bedeutung, daß ihr Absolutquadrat die Wahrscheinlichkeitsdichte dafür ist, das Elektron an einer Stelle zu finden. Mit Hilfe dieser Materiewelle ist dann die Interferenzerscheinung der Elektronen genau wie beim Licht zu beschreiben. Es muß ferner für die Materiewelle eine Differentialgleichung gelten, analog den Maxwellschen Wellengleichungen, die die zeitliche Änderung dieser Welle bestimmt. Wir werden darauf im letzten Abschnitt zurückkommen.

Die Heisenbergsche Unschärfebeziehung.

In der Quantenmechanik beschreibt man einen Vorgang durch Angabe eines dazugehörenden Wellenfeldes; das ist eine Funktion des Ortes und der Zeit, die im allgemeinen mit $\psi(x, y, z, t)$ bezeichnet wird. Im Falle des Lichtquants ist ψ bis auf einen Faktor mit der Lichterregung s identisch. Die Quantenmechanik legt ψ stets nur bis auf einen Faktor fest, der dann so normiert wird, daß $|\psi|^2$ über den ganzen Raum integriert eins ergibt: $\iiint\limits_{\text{Unendl. Raum}} |\psi|^2 d\tau = 1$. Wir müssen nun erläutern, wie man aus solch einer Funktion Aussagen über den Vorgang gewinnen kann. Im allgemeinen sind diese Aussagen nicht eindeutig, sondern bestehen in Wahrscheinlichkeitsangaben. Wir hatten bei der Erläuterung des Interferenzversuches schon gefunden, daß $|\psi|^2 d\tau$ die Wahrscheinlichkeit ist, bei einer Ortsmessung das Teilchen im Volumenelement $d\tau$ zu finden. Aber nicht nur über das wahrscheinliche Ergebnis einer Ortsmessung gibt ψ Auskunft, sondern auch für Impulsmessungen. Nach der de Broglie-Beziehung $\lambda = \frac{h}{p}$, die als universell gültig angesehen wird, besteht ja ein Zusammenhang zwischen Wellenlänge und Impuls. Ist also die den Vorgang beschreibende ψ-Funktion eine ebene Welle mit der Wellenlänge λ, so wird man bei einer Wellenlängenmessung nur diese eine Wellenlänge finden. Das heißt, bei einer Impulsmessung findet man sicher den Impuls $p = \frac{h}{\lambda}$. Im allgemeinen ist nun ψ keine einfache ebene Welle, kann aber immer als eine Überlagerung von solchen aufgefaßt werden. Die relative Intensität, mit der die einzelnen Wellenlängen darin vertreten sind, geben dann ein relatives Maß für die Wahrscheinlichkeit, den zugehörigen Impuls bei einer Messung zu finden.

Aus dieser Deutung ergibt sich eine charakteristische Beziehung zwischen der Ungenauigkeit der Ortsvorhersage und der Impulsvorhersage durch solch ein Wellenfeld. Der Einfachheit halber wollen wir annehmen, ψ hänge nur von einer Koordinate x ab. ψ sei nun nur in dem Intervall Δx von null verschieden. Eine Ortsmessung an dem Teilchen, dessen Zustand durch diese ψ-Funktion beschrieben ist, liefert nur x Werte des Intervalles Δx mit nicht verschwindender Wahrscheinlichkeit. Der Ort wird also durch diese Funktion mit der Unschärfe Δx vorhergesagt. Untersuchen wir nun die Impulsvorhersage. Ein abgehackter Wellenzug der Länge Δx enthält bei seiner Zerlegung nach Sinuswellen niemals nur eine einzige Welle, denn die ist ihrer Natur nach unendlich lang. Zum Aufbau eines endlichen Wellenzuges sind stets viele Wellen eines gewissen Wellenlängenintervalles zu überlagern. Es ist ja aus der Telegraphie durchaus geläufig, daß beim Abhacken einer Welle sog. Seitenbänder auftreten, die um so breiter sind, je öfter man die Welle unterbricht. Nun kann man leicht abschätzen, wie groß das Wellenlängenintervall sein muß für den Aufbau eines Wellenzuges der Länge Δx. Liegen auf der Strecke Δx etwa N Wellen der hauptsächlich vertretenen Wellenlänge λ_0, so müssen mindestens noch Wellen λ vertreten sein, die $N+1$ Wellen auf der Strecke Δx haben, denn nur solch eine Welle kann die

Hauptwelle an beiden Enden durch Interferenz zum Auslöschen bringen und in der Mitte verstärken. Man erhält also

$$\frac{1}{\lambda_0} = \frac{N}{\Delta x} \quad \text{und} \quad \frac{1}{\lambda} = \frac{N+1}{\Delta x}$$

und somit angenähert für die Breite des vertretenen Wellenlängenbandes

$$\Delta\left(\frac{1}{\lambda}\right) = \frac{1}{\lambda} - \frac{1}{\lambda_0} \sim \frac{1}{\Delta x}.$$

Wegen der de Broglie-Beziehung erhält man daher bei der Messung des Impulses Werte eines Intervalls Δp mit nicht verschwindender Wahrscheinlichkeit, und für dieses Intervall gilt:

$$\Delta p = \Delta\left(\frac{h}{\lambda}\right) \sim \frac{h}{\Delta x}.$$

Die mindestens vorhandene Impulsunschärfe ist um so größer, je kleiner die Ortsunschärfe ist. Durch die Angabe eines Wellenfeldes sind also Ort und Impuls eines Teilchens niemals beide genau bestimmt, sondern zwischen der Unschärfe des Ortes Δx und der Unschärfe des Impulses Δp besteht die Unschärfebeziehung

$$\underline{\Delta x \cdot \Delta p \sim h}. \tag{5}$$

Hier erhebt sich nun sofort die Frage, ob es richtig ist, daß ein Wellenfeld wirklich alles enthält, was man aus Experimenten über das Verhalten des Teilchens aussagen kann. Es könnte doch sein, daß es möglich ist, einfach Ort und Impuls eines Teilchens genauer zu messen, als die Unschärfebeziehung zuläßt. Das ist aber in der Tat nicht möglich. Man kann zwar einzeln Ort und Impuls im Prinzip beliebig genau messen, aber bei der Messung der einen Größe stört man das Teilchen notwendig in einem solchen Maße, daß die andere Größe um einen unbekannten Betrag innerhalb der durch die Unschärfebeziehung angegebenen Grenzen abgeändert wird. Betrachten wir zum Beweis dieser Aussage, wie im Prinzip solch ein Experiment aussehen würde. Wir denken uns, wir hätten die Geschwindigkeit des Teilchens, vielleicht eines Elektrons, irgendwie genau gemessen. Wir wissen, es bewegt sich in einer bestimmten Richtung mit dem Impuls p. Nun will ich zu einer bestimmten Zeit auch noch seinen Ort wissen, um etwa die Bahn zu berechnen. Eine genaue Ortsmessung kann man mit dem Mikroskop durchführen. Damit ich aber im Mikroskop das Elektron sehe, muß ich es beleuchten, d.h. ich muß es mit Lichtquanten beschießen. Wenn ich den Ort möglichst genau feststellen will, muß ich kurzwelliges Licht nehmen, denn selbst ein ideales Mikroskop legt den Ort eines beobachteten Gegenstandes höchstens bis auf eine Wellenlänge des benutzten Lichtes genau fest. Das ist die theoretische Grenze des Auflösungsvermögens. Wenn nun aber ein Lichtquant an dem Elektron gestreut worden ist, — und bevor das nicht geschehen ist, kann man es nicht sehen — erteilt es dem Elektron einen

Rückstoßimpuls unbekannter Richtung und der ungefähren Größe des Lichtquantenimpulses. Die Ortsmessung mit der Genauigkeit $\Delta x \sim \lambda$ ist also damit erkauft, daß der Impuls des Elektrons um einen unbekannten Betrag geändert wird, der begrenzt ist durch $\Delta p \sim \frac{h\nu}{c} = \frac{h}{\lambda}$. Man bestätigt wieder die Erfüllung der Ungenauigkeitsbeziehung

(5) $$\underline{\Delta p \cdot \Delta x \sim h\,.}$$

Hier tritt uns die Unschärfebeziehung als eine Folge der physikalischen Eigenschaften unserer Beobachtungsmittel entgegen. Weil uns zu physikalischen Messungen okkulte Kräfte nicht zur Verfügung stehen, sondern weil wir mit den realen Dingen unserer Umwelt, Elektronen, Licht usw. operieren müssen, deshalb sind die Bewegungsdaten eines Teilchens nicht genauer feststellbar. Bei der vorhergehenden Betrachtung erhielten wir dieselbe Aussage aus der Behauptung, daß durch Angabe eines Wellenfeldes alles gesagt ist, was man über das Teilchen aussagen kann. Die Übereinstimmung bildet natürlich eine starke Stütze für diese Anschauungen. Wenn das nicht der Fall wäre, wäre der Versuch der Quantentheorie, die Vorgänge durch die ψ-Funktion und ihre zeitliche Veränderung zu beschreiben, wohl kaum haltbar.

Die quantenmechanischen Gleichungen.

Wir hatten im vorigen Abschnitt schon erläutert, wie man in der Quantenmechanik aus der ψ-Funktion zu Wahrscheinlichkeitsaussagen über die Meßergebnisse kommt. Wir wollen das nun etwas verallgemeinern. Der Einfachheit halber wollen wir wieder annehmen, daß ψ nur von einer Koordinate x abhängt, da dabei das Wesentliche schon zu zeigen ist. Wenn ψ so normiert ist, daß

$$\int_{-\infty}^{+\infty} |\psi|^2\, dx = 1$$

ist, so ist in der quantenmechanischen Deutung einfach $|\psi|^2\, dx$ die Wahrscheinlichkeit, bei einer Ortsmessung das Teilchen zwischen x und $x + dx$ zu finden. Der Mittelwert oder Erwartungswert der Ortsmessungen ist demnach

(6) $$\overline{x} = \int_{-\infty}^{+\infty} |\psi|^2\, x\, dx\,.$$

Um Aussagen über die Ergebnisse von Impulsmessungen zu gewinnen, müssen wir, wie erläutert, ψ nach Sinuswellen zerlegen. Nach dem Fourierschen Integraltheorem ist das immer möglich. Bei Benutzung der komplexen Schreibweise erhält man

(7) $$\psi(x) = \frac{1}{\sqrt{h}} \int_{-\infty}^{+\infty} A\,(p)\, e^{-\frac{2\pi i}{h} p x}\, dp, \qquad (i = \sqrt{-1})$$

wobei statt der Wellenlänge schon $p = \frac{h}{\lambda}$ eingeführt ist. Der Entwicklungskoeffizient ist nach Fourier

$$A(p) = \frac{1}{\sqrt{h}} \int_{-\infty}^{+\infty} \psi(x)\, e^{+\frac{2\pi i}{h} p x}\, dx . \tag{7a}$$

Der Faktor $\frac{1}{\sqrt{h}}$ ist deshalb in Gl. (7) von $A(p)$ abgespalten, damit auch bei $A(p)$ die Normierungsbedingung

$$\int_{-\infty}^{+\infty} |A(p)|^2\, dp = 1$$

erfüllt ist. $A(p)$ gibt nun die Wahrscheinlichkeitsverteilung der p-Werte genau wie $\psi(x)$ die der x-Werte. $|A(p)|^2 dp$ ist die Wahrscheinlichkeit, den Impuls im Intervall p bis $p + dp$ zu finden. Insbesondere ist der Erwartungswert des Impulses

$$\overline{p} = \int_{-\infty}^{+\infty} p\, |A(p)|^2\, dp . \tag{8}$$

Man pflegt in der Quantenmechanik selten mit $A(p)$ zu rechnen, meist nur mit $\psi(x)$. Wir wollen deshalb in den Ausdruck für $\overline{p}$ statt $A(p)$ mit Hilfe des oben angegebenen Zusammenhanges [Gl. (7a)] $\psi(x)$ einführen. Nach einigen Umformungen, die hier nicht vorgerechnet seien, erhält man dann:

$$\overline{p} = \int_{-\infty}^{+\infty} \psi^* \left(\frac{h}{2\pi i} \frac{d}{dx} \psi\right) dx . \tag{8a}$$

ψ^* ist darin das konjugiert Komplexe von ψ. Das Symbol $\frac{h}{2\pi i} \frac{d}{dx}$ in diesem Ausdruck nennt man in der Quantenmechanik den dem Impuls zugeordneten Operator. Ein Operator heißt ganz allgemein jede Vorschrift, aus einer Funktion eine andere zu machen. Jeder Meßgröße ordnet man in der Quantenmechanik in ähnlicher Weise einen Operator zu. Man erhält dann den Erwartungswert oder Mittelwert aller Messungen dieser Größe in dem durch ψ dargestellten Zustand, indem man den zugehörigen Operator auf ψ anwendet, die entstehende Funktion mit dem konjugiert Komplexen von ψ multipliziert und über alle Koordinaten integriert. Entsprechend ist der Meßgröße x-Koordinate der Operator „Multiplizieren mit x" zugeordnet. In der Tat war

$$\overline{x} = \int_{-\infty}^{+\infty} \psi^* x\, \psi\, dx . \tag{6}$$

Entsprechend ist der Größe p^2 der Operator $\left(\frac{h}{2\pi i}\right)^2 \frac{d^2}{dx^2}$ zugeordnet, also zweimal differenzieren und mit $\left(\frac{h}{2\pi i}\right)^2$ multiplizieren. Daß das sinnvoll ist, sieht man daran, daß ähnlich wie oben bei p die Gleichheit

$$\overline{p^2} = \int_{-\infty}^{+\infty} p^2 A(p)\, dp = \int_{-\infty}^{+\infty} \psi^* \left(\frac{h}{2\pi i}\right)^2 \frac{d^2\psi}{dx^2}\, dx \tag{9}$$

bewiesen werden kann.

Wir können nun den Erwartungswert jeder Meßgröße berechnen, sobald wir den zugehörigen Operator kennen. Wir wollen im besonderen untersuchen, wie ψ beschaffen sein muß, damit bei der Messung einer Meßgröße, etwa des Impulses, ein gewisses Ergebnis mit Sicherheit erhalten werde. Dazu ist offenbar zu verlangen, daß das Streuungsmaß verschwindet:

$$\overline{(p-\overline{p})^2} = \overline{p^2} - \overline{p}^2 = 0\,. \tag{10}$$

Das ist aber dann der Fall, wenn durch den dem Impuls zugeordneten Operator die ψ-Funktion bis auf einen Faktor wiederhergestellt wird, wenn also ψ der Differentialgleichung

$$\frac{h}{2\pi i}\frac{d\psi}{dx} = a\psi \tag{11}$$

genügt. Denn dann erhält man sofort wegen der Normierungsbedingung

$$\overline{p} = a \cdot \int_{-\infty}^{+\infty} \psi^* \psi\, dx = a$$

und wegen $\left(\frac{h}{2\pi i}\right)^2 \frac{d^2\psi}{dx^2} = \frac{h}{2\pi i}\frac{d}{dx} a\psi = a^2\psi$ auch $\overline{p^2} = a^2$,

also $\overline{p^2} - \overline{p}^2 = a^2 - a^2 = 0\,.$

Man kann zeigen, daß die Erfüllung der obigen Differentialgleichung nicht nur hinreichend, sondern auch notwendig ist. Eine Funktion, die die Differentialgleichung (11) erfüllt, nennt man die Eigenfunktion des Operators $\frac{h}{2\pi i}\frac{d}{dx}$ und a den zugehörigen Eigenwert.

Die Eigenfunktion zum Impulswert a ist die komplexe Sinuswelle $e^{\frac{2\pi i}{h} a x}$, wie man leicht bestätigt. Wie man sieht, sind im allgemeinen die ψ-Funktionen der Quantenmechanik komplex. Die Erwartungswerte und Eigenwerte dagegen, denen allein eine physikalische Bedeutung zukommt, sind stets reell.

In der Quantenmechanik ist von besonderem Interesse der der Energie zugeordnete Operator. Man nennt ihn den Hamiltonoperator $\boldsymbol{H}$. Wir wollen ihn im Falle des Wasserstoffatoms hier angeben. Die potentielle Energie ist in diesem Falle für ein Elektron $V = -\frac{e^2}{r}$ (r = Abstand des Elektrons vom Kern). Der Operator, der V zugeordnet ist, ist wie bei der Koordinate einfach: Multiplizieren mit der potentiellen Energie. Die kinetische Energie ist

$$T = \frac{1}{2m}(p_x^2 + p_y^2 + p_z^2) \qquad (p_x, p_y, p_z\text{: Komponenten des Impulses}),$$

und der zugeordnete Operator ist

$$\frac{1}{2m}\left(\frac{h}{2\pi i}\right)^2 \left(\frac{\partial^2}{\partial x^2} + \frac{\partial^2}{\partial y^2} + \frac{\partial^2}{\partial z^2}\right).$$

Der Hamiltonoperator lautet also in diesem Falle

$$\boldsymbol{H} = -\frac{h^2}{8\pi^2 m}\left(\frac{\partial^2}{\partial x^2} + \frac{\partial^2}{\partial y^2} + \frac{\partial^2}{\partial z^2}\right) - \frac{e^2}{r}. \tag{12}$$

Die Eigenfunktionen der Energie, die also Zustände mit bestimmtem scharfen Wert der Energie darstellen, erfüllen die Gleichung

$$\boldsymbol{H}\psi = -\frac{h^2}{8\pi^2 m}\left(\frac{\partial^2 \psi}{\partial x^2} + \frac{\partial^2 \psi}{\partial y^2} + \frac{\partial^2 \psi}{\partial z^2}\right) - \frac{e^2}{r}\cdot\psi = E\psi. \tag{13}$$

Nun ist es eine anfänglich überraschende Tatsache, daß solch eine Differentialgleichung nicht für jeden Eigenwert E eine Lösung besitzt, die die Erfüllung der Normierungsbedingung $\iiint_{\text{Raum}} |\psi|^2\, d\tau = 1$ gestattet. Im allgemeinen wachsen die Lösungen obiger Gleichung im Unendlichen über alle Grenzen und verschwinden nicht. Es gibt nur ganz bestimmte Energiewerte, die eine im Unendlichen verschwindende Eigenfunktion besitzen. Nur diese Eigenwerte können also bei der Messung der Energie eines Atoms als Ergebnis auftreten. Denn habe ich die Energie des Atoms gemessen und dabei den Wert E gefunden, so muß eine zweite Messung unmittelbar danach mit Sicherheit denselben Wert E liefern. Nach der ersten Messung muß sich somit das Elektron in einem Zustand befinden, bei dem die Energiemessung mit Sicherheit den Wert E ergibt. Solche Zustände gibt es aber nur für gewisse Werte der Energie. Diese Werte sind demnach die einzig möglichen Meßergebnisse. Ein Atom kann also nur gewisse Energiewerte annehmen, nämlich nur die Eigenwerte des Hamiltonoperators. Es kann daher seine Energie auch nur um solche Beträge ändern, die der Differenz zweier Eigenwerte entsprechen. Das bestätigt das Experiment weitgehend. Franck und Hertz haben gezeigt, daß ein Elektron an ein Atom nicht jeden Energiebetrag abgeben kann, sondern nur ganz bestimmte, die in das Schema der möglichen Energiewerte des Atoms hineinpassen. Strahlt andrerseits ein Atom seine Energie in Form von Licht aus, so treten nur Quanten mit solchen Energien auf, die gleich der Differenz zweier Eigenwerte der Atomenergie sind:

$$h\nu_{ik} = E_i - E_k. \tag{14}$$

Auf diese Weise lassen sich die von einem Atom emittierten Spektrallinien berechnen. Experiment und Theorie stimmen in diesem Punkte mit unerhörter Präzision und größter Vollständigkeit überein.

Wir wollen diese Ausführungen nicht schließen, ohne erwähnt zu haben, was nun die moderne Quantentheorie an die Stelle der klassischen Bewegungsgleichungen setzt. Erst wenn man das weiß, kann man den zeitlichen Verlauf von ψ vollständig berechnen aus einem bekannten Anfangszustand. Mit Hilfe des oben erläuterten Formalismus kann man dann in jedem Augenblick aus ψ allerhand Wahrscheinlichkeitsaussagen ableiten. Die Differentialgleichung, die den zeitlichen Ablauf von ψ bestimmt, heißt die Schrödingergleichung und lautet:

$$\boldsymbol{H}\,\psi = -\frac{h}{2\pi i}\,\frac{\partial \psi}{\partial t}\,. \tag{15}$$

Dabei ist H der der Energie zugeordnete Operator. Man ist heute der Meinung, daß man mit Hilfe dieser Gleichung das gesamte physikalische Geschehen beschreibend umfaßt. Man kann zeigen, daß die gewöhnlichen Bewegungsgleichungen der Mechanik darin enthalten sind in der Näherung, bei der man h als vernachlässigbar klein ansehen kann. Die Mechanik des praktischen Lebens ändert sich also nicht. Weitergehende Ausführungen würden an dieser Stelle aber zu weit führen.

Man kann sich bei all diesen Gedankengängen der modernen Quantenmechanik des Eindrucks nicht erwehren, daß große Härten in ihr enthalten sind. Gegenüber den durchsichtigen Gedankengängen der älteren Physik ist vieles recht unanschaulich geworden. Wer sich zum ersten Mal mit diesen Dingen beschäftigt, muß es als im höchsten Grade schmerzlich empfinden, gezwungen zu sein, auf eine kausale Beschreibung der Vorgänge im üblichen Sinne zu verzichten. Wir gewinnen aber als Gegengabe für diesen Verzicht erst die Möglichkeit, eine sehr große Zahl von Erfahrungstatsachen aus der Welt der Atome quantitativ und widerspruchsfrei zu berechnen, also eine wirkliche Beherrschung der Vorgänge in den Atomen und Molekülen. Angesichts der großen Erfolge ist es unsere Aufgabe, dies neue Werkzeug für die Erforschung der Natur weiter auszubilden und ihm neue Arbeitsgebiete zu erschließen. Bei dieser Arbeit dürfen wir uns auch nicht hemmen lassen durch die Leidenschaft, mit welcher manche ältere und verdiente Forscher sich für die Beibehaltung der anschaulischen klassischen Physik einsetzen. Gerade für uns Deutsche ist es ganz besondere Pflicht, entstammen doch wesentliche Stücke dieser neuen Gedankengänge deutschem Forschergeist.

Sachverzeichnis.